—— 中国学生 ——

宇宙 学习百科

总策划／邢 涛 主编／龚 勋

U0248250

汕頭大學出版社

图书在版编目（CIP）数据

中国学生宇宙学习百科／龚勋主编．—汕头：汕
头大学出版社，2012.1（2021.6重印）
ISBN 978-7-5658-0429-8

Ⅰ．①中…　Ⅱ．①龚…　Ⅲ．①宇宙－少儿读物　Ⅳ.
① P159-49

中国版本图书馆 CIP 数据核字（2012）第 003489 号

中国学生宇宙学习百科

ZHONGGUO XUESHENG YUZHOU XUEXI BAIKE

总 策 划	邢　涛		印　　刷	唐山楠萍印务有限公司
主　　编	龚　勋		开　　本	705mm×960mm　1/16
责任编辑	胡开祥		印　　张	10
责任技编	黄东生		字　　数	150 千字
出版发行	汕头大学出版社		版　　次	2012 年 1 月第 1 版
	广东省汕头市大学路 243 号		印　　次	2021 年 6 月第 6 次印刷
	汕头大学校园内		定　　价	37.00 元
邮政编码	515063		书　　号	ISBN 978-7-5658-0429-8
电　　话	0754-82904613			

——中国学生——
宇宙 学习百科

推荐序

　　学生阶段是一个人长知识、打基础的重要时期，这个时期会形成一个人的兴趣爱好，建立一个人的知识结构，一个人一生将从事什么样的事业，将会在哪一个领域取得多大的成功，往往取决于他在学生时代读了什么样的书，摄取了什么样的营养。身处21世纪这个知识爆炸的时代，面临全球化日益激烈的竞争，应该提供什么样的知识给我们的孩子们，是每一位家长、每一位老师最最关心的问题。学习只有成为非常愉快的事情，才能吸引孩子们的兴趣，使孩子们真正解放头脑，放飞心灵，自由地翱翔在知识的广阔天空！纵观我们的图书市场，多么需要一套能与发达国家的最新知识水平同步，能将国外最先进的教育成果汲取进来的知识性书籍！现在，摆在面前的这套《中国学生学习百科》系列令我们眼前一亮！全系列分为《宇宙》、《地球》、《生物》、《历史》、《艺术》、《军事》六种，分别讲述与学生阶段的成长关系最为密切的六个门类的自然科学及人文科学知识。除了结构严谨、内容丰富之外，更为可贵的是这套书的编撰者在书中设置了"探索与思考"、"DIY实验"、"智慧方舟"等启发智慧、助人成长的小栏目，引导学生以一种全新的方式接触知识，超越了传统意义上单方面灌输的陈旧习惯，让学生突破被动学习的消极角色，站在科学家、艺术家、军事家等多种角度，自己动手、动脑去得出自己的结论，获取自己最想了解的知识，真正成为学习的主人。这样学习到的知识，将会大大有利于我国学生培养创造力、开拓精神以及对知识发自内心的好奇与热爱，而这正是我们对学生的全部教育所要达到的最终目的！

《中国教育报》副总编辑

瞿博

——中国学生——
宇宙 学习百科

审订序

　　宇宙、地球、生物、艺术、历史、军事，这些既涉及自然科学，又包涵人文科学、社会科学的知识门类，是处在成长与发育阶段正在形成日渐清晰的世界观与人生观的广大学生们最好奇、最喜爱、最有兴趣探求与了解的内容。它们反映了自然界的复杂与生动，透射出人类社会的丰富与深邃。它们构成了人的一生所需的知识基础，养成了一个人终生依赖的思维习惯，以及从此难舍的兴趣取向。宇宙到底有多大？地球是独一无二的吗？自然界的生物是如何繁衍生息的？科学里有多少奥秘等待解答?我们人类社会跨过了哪些历史阶段才走到今天？伟大的军事家是如何打赢一场战争的？伟大的艺术是如何令我们心潮起伏、沉思感动的？……学生们无不迫切地希望了解这一个个问题背后的答案，他们渴望探知身边的社会与广阔的大自然。知识的作用就是通过适当的引导，使他们建立起终生的追求与探索的精神，让知识成为他们的智慧、勇气，培养起他们的爱心，磨炼出他们的意志，让他们永远生活在快乐与希望之中！这一套《中国学生学习百科》共分六册，在相关学科的专家、学者的指导下，融合了国际最新的知识教育理念，吸纳了世界最前沿的知识发展成果，以丰富而统一的体例，适合学生携带与阅读的形式专供学生学习之用，反映了目前为止国内外同类书籍的最先进水平。中国的学生们这一次站在了与世界各国同龄人同步的起跑线上。他们的头脑与心灵将接受一次全新的知识洗礼，相信这套诞生于21世纪之初，在充分消化吸收前人成果的基础上又有新的发展与创造的知识百科能让我们的学生由此进入新的天地！

美国加州大学伯克利分校博士
北京大学副教授

武瀚章

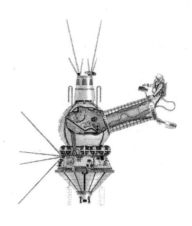

前言

  宇宙的广阔、美丽和神秘吸引着人们不断地去探索她，希望能揭开她的面纱。更重要的是，地球也是宇宙中的一员，了解宇宙的过程就是了解我们自己的过程，所以，对于宇宙的认识和了解已显得十分重要。为此，我们编写了这本《中国学生宇宙学习百科》。本书以通俗易懂的语言、结构严谨的知识体系向读者介绍了宇宙各方面的知识，是你了解宇宙知识、探索宇宙奥秘的重要工具书！

  全书共分为三章：第一章"太阳系"从我们最熟悉的地球开始说起；第二章"外太阳系"带领读者飞出了太阳系，伸向更为广阔和深远的空间；第三章"太空探索"则把人类探索太空，向太空进军的历程娓娓道来。本书体例新颖，知识全面且脉络分明，知识点呈辞条形式，使读者一目了然，方便查询。在每一节内容之前设置了"探索与思考"栏目，通过观测与实验提出问题，让读者在阅读的同时不忘思考；在每节之后设置了"DIY实验"，使理论与实际相结合，让读者获得知识的延伸与拓展；"智慧方舟"小栏目帮助读者检验学习效果，加深读者对本节内容的理解。同时，本书采用图文并茂的编排方式，配有近500幅图片，其中包括精致美观的摄影照片和插画专家绘制的手绘原理图。

  此书为爱好天文学、渴求了解宇宙知识的广大中学生朋友们提供了一个平台，我们衷心希望本书能成为广大读者朋友跨入天文学殿堂的阶梯！

如何使用本书

　　为了方便读者,现将《中国学生宇宙学习百科》的使用方法简介如下:本书共分为"太阳系"、"外太阳系"、"太空探索"三章,每一个篇章都下设若干主标题,在主标题下又分设辅标题、次辅标题和小资料,层次分明,体例新颖;除说明性文字外,还通过习题、实验、手工制作等多种形式分别阐释了本篇章的主题。本书每一个主题内容下都配有精美的图片,并附有图片名称或说明文字,使您一目了然。

次辅标题
对辅标题内容进一步说明的内容名称。

次辅标题说明
对次辅标题的文字叙述,是对辅标题内容的详细说明与佐证。

小资料
与辅标题内容的说明文字密切相关的资料性内容,是对辅标题的补充和参考。

书眉
双数页码的书眉标示出书名;单数页码的书眉标示每一章的名称。

篇章名

主标题
本节主要知识内容的名称。

探索与思考
通过生活中的观察活动和动手小实验提出思考问题。

主标题说明
阐述本节的主要内容,有助于了解本节知识点。

10 中国学生宇宙学习百科

太阳系

太阳系的起源与演变

探索与思考

太阳的引力

　　1.按照太阳系中各个天体的大小,以特定的比例选择最小的天体——冥王星的代替品,你可以选择1枚图钉,或者选择1个乒乓球,当然也可以选择1个苹果。

　　2.依据天体的体积,按照从小到大的顺序,严格按比例选择相应的替代品。水星、火星、金星、地球、海王星、天王星、土星、木星,不要嫌麻烦。

　　3.选择1个可以按比例替代太阳的东西,屋子里没有,可以去屋外找找看。这时,你会发现找到一个太阳是多么的费力。

　　想一想 为什么太阳能把九大行星吸引在自己的周围?

太阳系的主要成员

说 到天文学,首先要说的肯定是太阳系。因为我们生活在这个已知宇宙中最特殊的恒星系中,它给我们的生活带来的影响是无法估算的。太阳是宇宙中一个特殊的天体,这是因为它不仅拥有九大行星,还使其行星上孕育出了生命。太阳系中不仅包括太阳和九大行星,还包括行星的卫星、小行星、彗星以及各种星际物质。太阳周围诸多的大小天体,在太阳引力的作用下,均围绕太阳作周期运行。

星云说
最流行的形成假说

　　星云说是一个有关太阳起源的假说。1755年由伊曼努尔·康德提出:太阳星云慢慢地转动,由于重力逐渐凝聚并且铺平,最终形成恒星和行星。一个相似的模型在1796年由拉普拉斯提出。他认为,太阳系起源于一团旋转的原始星云,在引力的作用下,它开始收缩并维持丢出一层又一层的物质环,每层环冷却、凝聚而演变成一个行星。照此说起来,最外面行星的年龄最老,像地球这样越靠近太阳的行星越年轻。星云中心部分的物质则形成为太阳。

撞击说
被撞出来的太阳系

　　根据行星和卫星上有大量的撞击坑,肯梅克在1977年提出:固态物体的撞击是发生在类地行星上所有过程中最基本的活动,并在此基础上提出了撞击说。这种撞击是分等级的,最初太阳被为一个单独的天体,在外来的彗星等其他天体不断冲击下,两者的残骸逐渐形成了行星。此后,不断有撞击体撞向原始的行星,围绕行星形成一个气体、液体、尘埃和"溅"出来的固态物质组成的带,这条带因旋转的向心力作用而成球状,成为被撞行星的卫星。

火星的表面

太阳系里最平坦的大地貌

火星上的"运河"

奥林匹斯山

太阳系中的大个子

火星大气

稀薄的隐藏的大气层

火星的卫星

两个像麻薯一样的卫星

水手大峡谷

巨型裂缝"运河"

两极的冰冠

夏两季才会结冰

● **照片**
与本节知识点相关的图片，让您对相关内容有更真切的认识。

● **实验**
介绍了实验材料、步骤及原理，有助于您进一步理解本节内容。

● **习题**
通过填空和选择的形式温习本节知识点。

太阳系 | 11

有关太阳系诞生的三种假说

太阳系的诞生

有关太阳系的起源的学说大致分为三种，目前已基本确定，太阳和行星都是由同时期的相同物质所形成。

(1)星云说

(2)堪击假说

(3)遭遇假说

遭遇说

被否定的假说

到了20世纪初期，季兹等人又提出了遭遇说。持这种说法的人认为，古时的太阳是一个单独的星球，但在某一个时期，太阳附近有其他大星球通过，受到这些星球的吸引，太阳内部的物质大量流出，此物质凝固后便形成行星。此一学说同样无法解释太阳系的特性——从太阳质量及行星质量的比例来看，和行星公转的速度比较起来太阳自转的速度显然过于缓慢。而且，自太阳流出的高温物质根本不可能凝固成行星。

太阳系的构成

复杂的天文大家庭

太阳系的中心是太阳，它的质量占据了整个太阳系总质量的99.85%；余下的质量中包括行星与它们的卫星、行星环，还有小行星、彗星、柯伊伯带天体、理论中的奥尔特云、行星间的尘埃气体和粒子等行星际物质。太阳系所有天体的总表面积约为17亿平方千米。太阳系中除太阳以外的天体围绕太阳旋转，而整个太阳系又围绕银河系的中心旋转。

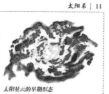
太阳星云的早期形态

太阳系的早期

太阳系和众行星的出现

早期的太阳星云崩溃后，中心不断升温并压缩，热到可以使灰尘蒸发。中央的不断压缩使它变为了一颗质子星，大多数气体逐渐向里移动，又增加了中央原始星的质量。也有一部分在自转，离心力的存在使它们无法往当中聚拢，逐渐形成一个个绕着中央星体公转的"添加圆盘"，并向外辐射能量，慢慢冷却。气体逐渐冷却，使金属、岩石和离中央星体远处的冰可以浓缩到微小粒子。灰尘粒子互相碰撞，又形成了较大的粒子。这个过程不断进行，直到形成大团石头或是小行星。

太阳系轨道

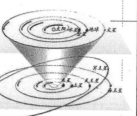

● **辅标题**
与本节内容相关的知识点的名称。

● **副标题**
对辅标题最直观的说明。

● **辅标题说明**
对本节内容某一知识点的详细阐述。

● **手绘原理示意图**
根据文章内容，由相应的学科专家参与、由资深插图画家绘制的原理示意图，说明性强，使您一目了然。

目录

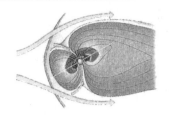

太阳系　　10～63

简介太阳系内九大行星的各自特征，以及除九大行星以外的其他天体的具体情况

太阳系的起源与演变	10
太阳	14
地球	22
月球	32
类地行星	40
类木行星	48
彗星、小行星、流星	58

范艾伦带

范艾伦带有效地抵御了强烈的太阳风，对地球表面起屏障作用。关于地球详见第22～31页。

外太阳系　　64～109

宇宙的诞生，银河系的结构，河外星系的形状，恒星的演变，星团和星云的分类，星座的方位

宇宙的演变	64
银河系	74
河外星系	80
恒星	86
星团和星云	96
星座	102

土星

土星是太阳系九大行星之一，它最大的特征是有美丽的土星环。关于类木行星详见第48～57页。

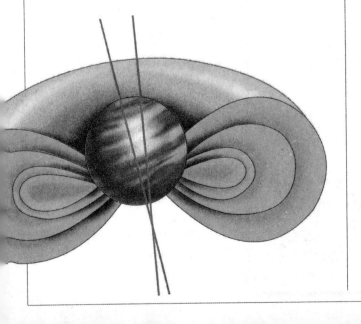

哈雷

英国天文学家哈雷发现了哈雷彗星，并预测了哈雷彗星的回归时间。关于彗星详见第58～63页。

宇宙大爆炸

科学家们认为宇宙起源于一次大爆炸，并且自爆炸以后至今仍在不断膨胀。关于宇宙的演变详见第64~73页。

猫眼星云

猫眼星云因形似猫眼而得名，其明亮的中心天体可能是双星。关于星云详见第96~101页。

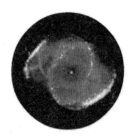

天鹅座

天鹅座有明亮的"北十字"、色彩鲜明的"天空宝石"和北美星云。关于星座详见第102~109页。

太空探索　　110~159

火箭的用途，人造卫星的种类，空间站的发展，载人航天的历程，各探测器的工作情况，望远镜的意义，宇宙中是否存在其他生物的思考

望远镜	110
天文台与天文馆	118
火箭	122
人造卫星	128
太空探测器	136
载人航天	142
空间站	152
宇宙生命	156

人造卫星

人造卫星上装有各种仪器，以保障它正常工作及运行。关于人造卫星详见第128~135页。

航天飞机

航天飞机包括了轨道飞行器、气闸舱、外贮箱和固体火箭助推器等部分。关于航天飞机详见第142~151页。

─太阳系─

太阳系的起源与演变

太阳的引力

1. 按照太阳系中各个天体的大小，以特定的比例选择最小的天体——冥王星的代替品，你可以选择1枚图钉，或者选择1个乒乓球，当然也可以选择1个苹果；

2. 依据天体的体积，按照从小到大的顺序，严格按比例选择相应的替代品。水星、火星、金星、地球、海王星、天王星、土星、木星，不要嫌麻烦；

3. 选择1个可以按比例替代太阳的东西，屋子里没有，可以去屋外找找看。这时，你会发现找到一个太阳是多么的费力。

想一想 为什么太阳能把九大行星吸引在自己的周围？

太阳系的主要成员

说到天文学，首先要说的肯定是太阳系。因为我们生活在这个已知宇宙中最特殊的恒星系中，它给我们的生活带来的影响是无法估算的。太阳是宇宙中一个特殊的天体，这是因为它不仅拥有九大行星，还使其行星上孕育出了生命。太阳系中不仅包括太阳和九大行星，还包括行星的卫星、小行星、彗星以及各种星际物质。太阳周围诸多的大小天体，在太阳引力的作用下，均围绕太阳作周期运行。

星云说

最流行的形成假说

星云说是一个有关太阳起源的假说。1755年由伊曼努尔·康德提出：太阳星云慢慢地转动，由于重力逐渐凝聚并且铺平，最终形成恒星和行星。一个相似的模型在1796年由拉普拉斯提出。他认为，太阳系起源于一团旋转的原始星云，在引力的作用下，它开始收缩并相继丢出一层又一层的物质环，每层环冷却、凝聚而演变成一个行星。照此说起来，最外面行星的年龄最老，像地球这样越靠近太阳的行星越年轻。星云中心部分的物质则形成为太阳。

撞击说

被撞出来的太阳系

根据行星和卫星上有大量的撞击坑，肖梅克在1977年提出：固态物体的撞击是发生在类地行星上所有过程中最基本的活动，并在此基础上提出了撞击说。这种撞击是分等级的，最初太阳作为一个单独的天体，在外来的彗星等其他天体不断冲击下，两者的残骸逐渐形成了行星。此后，不断有撞击体撞向原始的行星，围绕行星形成一个气体、液体、尘埃和"溅"出来的固态物质组成的带，这条带因旋转的向心力作用而成球状，成为被撞行星的卫星。

有关太阳系诞生的三种假说

太阳系的诞生

有关太阳系的起源的学说大致分为三种。目前已基本确定，太阳和行星都是同时期的相同物质所形成。

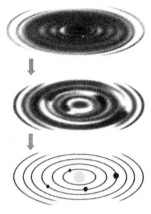

(1)星云说

旋涡状星云冷缩后其转速加快，使外围的物质相继分离，凝集成行星。

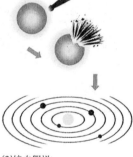

(2)撞击假说

彗星等其他天体和太阳相撞后，它们的残骸渐成行星。

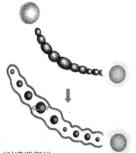

(3)遭遇假说

其他天体通过太阳附近，吸引出太阳内部物质形成行星。

遭遇说

被否定的假说

到了20世纪初期，季兹等人又提出了遭遇说。持这种说法的人认为，古时的太阳是一个单独的星球，但在某一个时期，太阳附近有其他大星球通过，受到这些星球的吸引，太阳内部的物质大量流出，此物质凝固后便形成行星。此一学说同样无法解释太阳系的特性——从太阳质量及行星质量的比例来看，和行星公转的速度比较起来太阳自转的速度显然过于缓慢。而且，自太阳流出的高温物质根本不可能凝固成行星。

太阳系的构成

复杂的天文大家庭

太阳系的中心是太阳，它的质量占据了整个太阳系总质量的99.85%；余下的质量中包括行星与它们的卫星、行星环，还有小行星、彗星、柯伊伯带天体、理论中的奥尔特云、行星间的尘埃气体和粒子等行星际物质。太阳系所有天体的总表面面积约为17亿平方千米。太阳系中除太阳以外的天体围绕太阳旋转，而整个太阳系又围绕银河系的中心旋转。

太阳星云的早期形态

太阳系的早期

太阳系和众星的出现

早期的太阳星云崩溃后，中心不断升温并压缩，热到可以使灰尘蒸发。中央的不断压缩使它变为了一颗质子星，大多数气体逐渐向里移动，又增加了中央原始星的质量。也有一部分在自转，离心力的存在使它们无法往当中靠拢，逐渐形成一个个绕着中央星体公转的"添加圆盘"，并向外辐射能量，慢慢冷却。气体逐渐冷却，使金属、岩石和离中央星体远处的冰可以浓缩到微小粒子。灰尘粒子互相碰撞，又形成了较大的粒子。这个过程不断进行，直到形成大圆石头或是小行星。

太阳系轨道

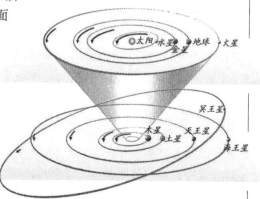

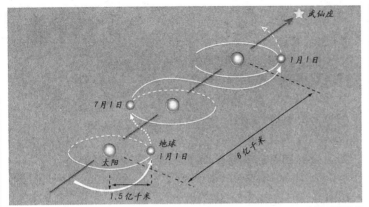

太阳系的运动

行星的形成

旷日持久的演进

在宇宙中当一颗新生恒星周围存在碟状宇宙尘埃物质时，这些尘埃物质在漫长时间中逐渐聚集起来，形成一个个较大的陨石块。当这些陨石块之间发生碰撞并融合到一起后，相应便会激起大量尘埃和岩石碎块。经过长时间的逐步演进过程，最终才会形成一个早期行星系统的雏形，而那些尘埃和恒星周围的尘埃也会逐渐消失。

太阳系的探索与研究

科学研究的演变

人类从 1959 年开始不断地通过空间探测器等进行空间探测，研究太阳系。目前主要集中在月球和火星的探测以及小行星和彗星的探测上。对太阳系的长期研究，分化出了这样几门学科：太阳系化学、太阳系物理学以及太阳系内的引力定律和太阳系稳定性问题。

太阳系的运动

旋转和远离的过程

太阳系是银河星系的一部分。太阳系移动速度约为220千米／秒，2.26亿年绕银河系转一周。太阳系中的九大行星都在差不多同一平面的近圆轨道上运行，朝同一方向绕太阳公转。除金星以外，其他行星的自转方向和公转方向相同。彗星的绕日公转方向大都相同，多数为椭圆形轨道，一般公转周期比较长。另外，整个太阳系还在远离银河系，它们朝着武仙座的方向不停地飞行。

日心说

划时代的天文学革命

日心说是波兰天文学家哥白尼于 1515 年左右提出的关于天体运动的学说。哥白尼认为，地球只是引力中心和月球轨道的中心，并不是宇宙的中心；所有天体都绕太阳运转，宇宙的中心在太阳附近；地球到太阳的距离同天穹高度之比是微不足道的；在天空中看到的任何运动，都是地球运动引起的，等等。

哥白尼

尼古拉·哥白尼 (1473~1543)，波兰伟大的天文学家，日心说的创立者。1512年，哥白尼定居在弗劳恩堡，弗劳恩堡城墙中的平台成为哥白尼的天文观测台，他自制了三分仪、三角仪等高仪等器具。哥白尼的毕生成果是其巨著《天体运行论》，讲述了地球的运动和宇宙的构造，驳斥了托勒密的地球是宇宙中心的理论。该学说虽然具有一定的局限性，但在当时却推动了天文学的根本变革。

弥留之际的哥白尼

其他行星系

太阳系的兄弟姐妹

寻找太阳系以外的太阳系，是许多天文学家毕生的目标。自1992年天文学者发现首个别的行星系开始，至今已发现几十个行星系，但是详细材料还是很少。对这些行星系的发现和研究，依靠的是多普勒效应，测试恒星的周期性变化，以此推断是否有行星存在，并且计算行星的质量和轨道。但这也只能发现大行星，像地球大小的行星就找不到了。

太阳系主要天体表

下表的数据都是相对于地球的比值:

	太阳	水星	金星	地球	火星	木星	土星	天王星	海王星	冥王星
天体距离（天文单位）	0	0.39	0.72	1.00	1.5	5.2	9.5	19.2	30.1	*39.5
赤道直径	109	0.382	0.949	1.00	0.53	11.2	9.41	3.98	3.81	0.24
质 量	333 400	0.06	0.82	1.00	0.11	318	95	14.6	17.2	0.0017
轨道半径	——	0.38	0.72	1.00	1.52	5.20	9.54	19.22	30.06	39.5
公转周期（年）	——	0.241	0.615	1.00	1.88	11.86	29.46	84.01	164.79	248.5
自转周期（天）	27.275	58.6	243	1.00	1.03	0.414	0.426	0.718	0.671	6.5

*1930年以后冥王星才被国际天文学联合会正式确定为行星，但一些天文学家对其行星的身份仍持怀疑态度。

提丢斯—波得定则

局部成立的行星分布规则

18世纪后期，德国天文学家提丢斯和波得提出了一个关于太阳系行星分布的一个定则，这就是提丢斯—波得定则。定则的主要内容是：如果把地球到太阳的距离设作1天文单位，取得0，3，6，12，24，48，96……这么一个数列，每个数字加上4再用10来除，就得出了各行星到太阳实际距离的近似值。在天王星发现及以前的时间里，这一定则较好的说明了一些问题。但是，随着海王星和冥王星的发现，这一定则就不再是人们信赖的法则了。

哥白尼日心说体系下的太阳系模型

太阳

太阳的光和热

1. 把双筒望远镜夹在铁架台上；

2. 在一张20厘米宽、28厘米长的薄硬纸板上剪一个洞，以便盖在双筒镜上；硬纸要盖住一个镜片，另一个镜片可以让光线穿过；硬纸板要扎牢；

3. 用望远镜在白纸上呈现一个太阳的像，而硬纸板会在白纸上形成阴影。调节焦距，前后移动白纸，直到白纸上呈现出一个清晰的太阳的影像。伸手让太阳的影像落在手上，会有灼热的感觉。

注意：千万别用眼睛直接看太阳，这样会灼伤你的眼睛！

想一想 太阳是怎样发光发热的呢？

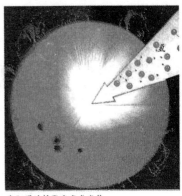

太阳通过核聚变发光发热。

太阳的成分

内部元素及比例关系

目前太阳的成分中，氢占了大约75%的质量，而氦则占了约25%。在太阳核心中的氢正逐渐转变成氦，但这种转变十分缓慢。太阳核心的情形非常惊人，温度高达约 1.5×10^7℃、压力是 2.5×10^{11} 个大气压，其组成"气体"（严格来说是气体离子，即电浆）的密度因而被压缩成水的150倍。

太阳是处于太阳系中心的巨大恒星体，是太阳系中的老大哥，主要由炽热的气体组成。它发光发热，抚育着所有太阳系中其他的天体，其中当然也包括居住着我们人类的地球。巨大的太阳是人类最为关注的天体，因为它与人们的日常生活息息相关。但是，相对于浩瀚的宇宙来说，太阳也只不过是一颗极其普通的恒星。它不仅要自转，也要围绕着银河系中心公转。

太阳的结构

洋葱式的内部结构

太阳和其他众多的恒星一样，是个气态的球体，并没有界限分明的表面。天文学家把发出强烈白光，而光线无法穿透的球面作为太阳的表面，给了它一个特别的名称叫光球层(photosphere)，并以光球层为分界，把太阳的结构分成内部结构与大气结构两大部分。太阳的内部结构由内到外可分为核心、辐射层、对流层三大部分。核心是产生核聚变反应的地方。太阳核心约占总质量的50%，占太阳半径的10%，却是太阳99%的能量来源。大气结构由内到外分为光球、色球和日冕三层。

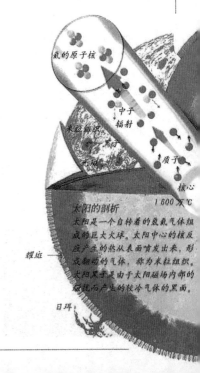

太阳的剖析
太阳是一个自转着的氢氦气体组成的巨大火球。太阳中心的核反应产生的热从表面喷发出来，形成翻动的气体，称为米粒组织。太阳黑子是由于太阳磁场内部的缠绕而产生的较冷气体的黑面。

氦的原子核

中子
辐射

米粒组织
气斑
光球层

质子

核心

1 600 万度

耀斑

日珥

太阳的能量

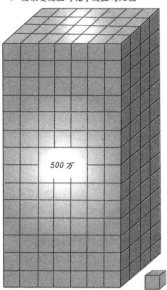

▼ 核聚变反应与化学反应的比较

500万

1

▼ 由化学反应可得的能量

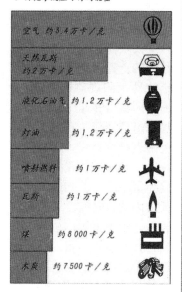

空气 约3.4万卡/克

天然瓦斯 约2万卡/克

液化石油气 约1.2万卡/克

灯油 约1.2万卡/克

喷射燃料 约1万卡/克

瓦斯 约1万卡/克

煤 约8000卡/克

木炭 约7500卡/克

1克的氢,经核聚变反应与与化合反应,所获得能量之比约为5 000 000:1。可见核聚变反应可得的能量有多大。

核聚变反应与化学反应

日核

太阳的核心

日核是产生核聚变反应之处,是太阳的能源所在。太阳核心的压力为地球大气压力的 2.5×10^{11} 倍,温度估计约为 $1.5 \times 10^7 ℃$,是氢进行质子—质子热核熔合的反应区。核心物质的密度为 $150g/cm^3$,远高于铁的密度 $7.8g/cm^3$。太阳核心经过核反应,氢核聚变产生大量的光和热。氢核聚变的主要过程有质子—质子链与碳氮氧循环两种。

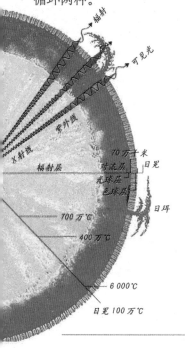

太阳的能量

长时间的燃烧与释放

太阳的能量输出功率为 3.86×10^{26} 瓦,如此庞大的能量是来自于核心的核聚变反应:每秒钟有大约 7×10^{11} 千克的氢聚变成 6.95×10^{11} 千克的氦,其间损失的 5×10^9 千克质量即转换为庞大的 γ 射线能量。在 γ 射线前进到太阳表面的途中,会不断地被四周粒子所吸收,再发出来较低频的电磁波,到太阳表面时发出的主要是可见光。而在最靠近太阳表面20%厚的区域,能量主要的传递方式是靠对流而非辐射。太阳的输出总功率为 3.826×10^{26} 瓦,绝大部分能量是由核心核反应所供给。如此燃烧,太阳大约可再维持50亿年。

太阳核反应

产生巨大能量的源泉

即太阳内部的核聚变反应。在太阳核心内部进行着4个氢原子核(质子)聚变成1个氦原子核(粒子)的过程,同时放出大量能量,像氢弹爆炸一样。太阳中心的温度高达 $1.5 \times 10^7 ℃$,压力极大,这样的高温高压完全符合核聚变反应的条件。在已知的各种质—能转换过程中,以核聚变反应最有效率,氢核聚变过程可归结为:4个氢→1个氦+能量+2个微中子。而能量的形式通常为高能的 γ 射线与 X 射线光子。氢聚变产生的能量,须历经百万年才能传抵太阳表面。

太阳的自转
内外不一致的旋转

太阳自身一直在不停地旋转。科学家通过一个全球性太阳观测网发现：太阳内核自转速度比其表层赤道位置慢10%左右，太阳表层每25～35天自转一周，其赤道位置旋转速度为每小时6 400千米，而太阳内核自转速度则相对较慢。由于太阳内核与表层自转速度不一致，表层经过一定时间后会再次与内核原先的位置相重叠，而这一周期大约是11年。这一发现为人类进一步了解恒星的构成和活动特点提供了参考。

日震
太阳表面的周期振荡

日震是太阳表面气体和太阳本身一直在进行的周期性振荡，震荡时太阳直径可增大10千米。20世纪60年代初，科学家发现太阳有一种以5分钟为周期的振荡现象存在。在振荡中，太阳表面气体连成一片，同起同落，最大的振荡速度约为1 000米／秒。5分钟振荡被认为是太阳大气中的现象。然而，1976年，苏联科学家发现太阳本身也在做有规律的振荡，周期是2小时40分钟，振荡达到极大时，太阳直径增大约10千米。

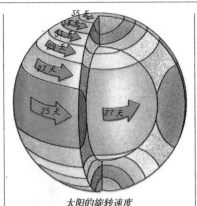

太阳的旋转速度

微中子
核聚变的副产品

微中子是基本粒子的一种，穿透力极强，以光速行驶，是太阳内部核聚变反应的"副产品"，其对宇宙演化有举足轻重的影响。一直以来，人们以为它没有任何质量。1998年，日本神冈地下侦测器所宣布已找到微中子会振荡的确切实验证据。不过实验所证实的是宇宙射线，在地球的上大气层所产生的μ微中子与τ微中子，会发生振荡现象，虽然没有量出μ微中子与τ微中子的确切质量，但证实了微中子有很细小但不为零的质量。

太阳对流层
太阳内层的最外层

对流层是太阳内部的组成区域之一，靠近太阳表面光球层，厚约15万千米，以对流形式将能量传出。辐射区的外围温度下降得很快，物质的透明度大为减低，再加上太阳表面的辐射损失，使得上下温差很大，形成了以湍流为主的强烈对流层。对流层几乎完全不透明，辐射层传来的能量，在这一层以对流的方式由高热气团带到表面，表面的较冷气团则下沉。对流层内部的温度约为$1 \times 10^6 ℃$。

图中湍流部分为太阳对流层。

能产生微中子的太阳核反应

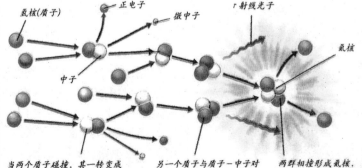

当两个质子碰撞，其一转变成中子，并释放出正电子和微中子。

另一个质子与质子—中子对聚变并释放出r射线光子。

两群相接形成氦核，并释放出两个质子。

太阳辐射层
向外传输能量的区域

辐射层也是太阳内部的组成区域之一，处于对流层下方，能量以辐射的形式传出。从核心向外到半径75%的区域称为辐射层，来自核心的γ射线与X射线光子，不断与辐射层内的物质粒子相碰撞，被物质粒子吸收再辐射，最后主要以可见光的形式传到太阳表面，然后才辐射到四面八方。在辐射区内，光子平均每走1厘米就与物质粒子碰撞一次，需要很长时间才能到达太阳表面。辐射区内(包括日核)含有90%以上的太阳物质。

光球
气态的发光表面

光球层是太阳大气的最内一部分。光球层厚度只有500千米，平均温度约为6 000℃，呈气态，大部分太阳辐射是从这里发出的。光球是人类实际能够看到的太阳的圆面，它的界限比较分明，太阳的半径就是按照这个界限确定的。光球层上能够观测到许多太阳活动：米粒组织和超米粒组织是气体对流现象，太阳黑子是光球层上巨大的气流旋涡，太阳黑子形成之前产生的灼热氢云，就是耀斑。

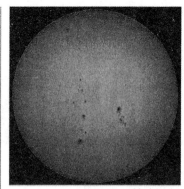

光球及其上面的太阳黑子

太阳黑子
太阳表面的低温区

太阳黑子是在太阳光球层上发生的一种太阳活动，是太阳活动中最基本、最明显的活动现象。太阳黑子实际上是太阳表面一种炽热气体的巨大漩涡，温度大约为4 500℃。因为比太阳光球层表面温度要低，所以看上去像一些深暗色的斑点。一个发展完全的黑子由较暗的核和周围较亮的部分构成，中间凹陷大约500千米。黑子经常成对或成群出现，其中由两个主要的黑子组成的居多。

蝴蝶图
黑子的分布图

黑子出现的时间并不是均匀分布的。黑子周期开始时，黑子主要出现在南、北纬约35°处，而在周期结束时，黑子通常出现在南、北纬约5°处。在同一周期中黑子的分布形状像一只蝴蝶，称为Maunder蝴蝶图。一般认为太阳黑子和其活动性，起源于热对流与各部分的较差自转，但这一理论至今尚未完全被证实。

太阳的光

太阳风

红外线

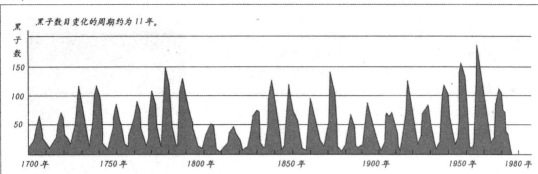

黑子数目变化的周期约为11年。

本影
是太阳黑子较暗、较冷的中心。

半影
是本影外围较亮、较热的区域。

黑子结构

黑子周期和太阳磁周期
互相关联的活动周期

太阳黑子出现的多少，有一个周期，黑子的周期与太阳磁场的分布有关，太阳黑子周期约为11年，而太阳的磁周期约为22年。如果在前一个太阳黑子周期中，北日球的前导黑子磁极性为N，则后随黑子的磁极性必为S。而此时在南日球的前导黑子与后随黑子的极性与北日球完全相反。而在下一个黑子周期中，北日球的前导黑子磁极性为S，后随黑子的磁极性为N，南日球黑子群的极性也与前一周期相反。

黑子群
黑子的集合

太阳黑子大多成群出现。每个黑子群由几个到几十个黑子组成，最多可达100多个。它一般有前导黑子和后随黑子两种。前导黑子大多出现较早、消失较迟、面积较大、同太阳赤道的距离较小。黑子群按磁场极性分为单极群、双极群和复杂极性群，其中以双极群最为常见。黑子群中不同极性黑子的连线称为磁轴，在大多数情况下，磁轴对太阳赤道的倾角小于30°。当大黑子群出现时，会在地球上产生磁暴、极光和电离层扰动。

米粒组织
小型的耀斑

米粒组织是太阳的光球层上发生的一种太阳活动，因看上去是一些密密麻麻的不稳定的斑点，很像一颗颗的米粒而得名。米粒组织的直径一般在300～1 000千米，温度比光球的温度高300℃～400℃，亮度强10%～20%，持续时间一般为5～10分钟。米粒组织是光球下面气体对流产生的现象。另外还有超米粒组织，大小与寿命都比一般的米粒组织要强烈很多。

太阳黑子和米粒组织

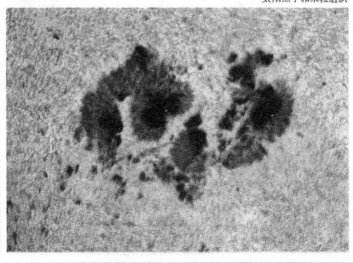

色球
日食时才能看见的大气层

　　色球是太阳大气中间的一层，位于光球之上。在厚约2 000千米的色球层内，温度从光球顶部的4 600℃增加到色球顶部的几百万摄氏度。色球是一个充满磁场的等离子体层，在局部等离子体动能密度和磁能密度可相比拟时，能经常观测到等离子体和磁场之间复杂的相互作用。由于磁场的不稳定性，常常会产生剧烈的耀斑爆发，以及与耀斑共生的爆发日珥、闪焰等许多天文学现象。

日食时看到的色球

耀斑
明亮高温的光球区域

　　耀斑是太阳表面强烈的活动现象。耀斑一般持续时间较短，但耀斑释放出的能量，相当于地球上十万至百万次强火山爆发的能量总和。耀斑产生在日冕的低层，下降到色球层。耀斑与太阳黑子存在密切关系，在大的黑子群上面，很容易出现耀斑。小型耀斑伴随着太阳黑子的出现经常能见到；但特大耀斑只有在太阳活动峰年时才可能出现。

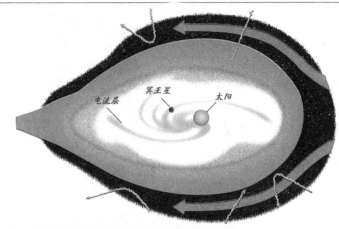
太阳释放出的带电粒子可以轻松飞出太阳系。

太阳质子事件
耀斑大爆发的产物

　　太阳出现大耀斑时，常发出大量高能带电粒子——"太阳宇宙线"，在地球周围可观测到，这就是太阳质子事件。当太阳发生耀斑或者射电爆发时，常常伴有大量的高能质子流到达地球，它对宇宙飞船、人造卫星产生显著的危害，也影响无线电通讯、卫星导航和长距离电力传输等。根据不完全的统计，平均每年较大的质子事件有8次。太阳质子事件对航天事业有很大的危害。

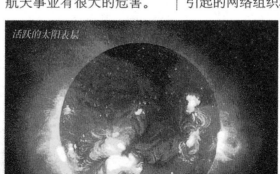
活跃的太阳表层

色球的结构
内冷外热的结构

　　色球的结构是不均匀的。如果不考虑这种不均匀性，按照平均温度随高度的分布曲线来区分色球层次，可分为3层：低色球层，厚约400千米，温度由光球顶部的4 600℃上升到5 500℃；中色球层，厚约1 200千米，温度缓慢上升到8 000℃；高色球层，厚约400千米，温度急剧上升到几万度。在利用色球谱线所拍得的太阳单色像中，与光球的超米粒组织引起的网络组织相对应的位置上，存在着多角形的网络链结构，称为色球网络。

日珥

太阳表面的"喷泉"

日珥是发生在太阳色球层的一种活动现象。日全食的时候，可以看到在"黑太阳"的周围有一个红色的光环，那就是太阳的色球层。色球层上时常会窜出一束束很高的火柱，这些火柱就叫做日珥。日珥分为宁静的、活动的以及爆发的三大类。其中，活动日珥总在不停地变化，像喷泉一样从日面喷出很高，又慢慢地落回到日面；爆发日珥以每秒700多千米的高速，将物质喷发到几十万甚至上百万千米的高空，蔚为壮观。

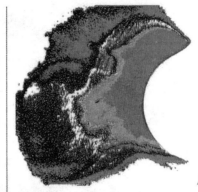

厚达上百万千米的日冕

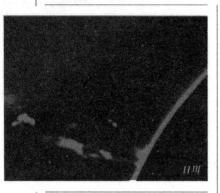

日珥

针状体

小型的日珥

太阳从色球中，时时喷射出细而明亮的流焰，称为针状体。针状体是太阳表面的高温等离子流体，是太阳表面普遍存在的一种现象，它们像针一样以每秒大约20千米的速度"扎"向太阳大气。任一时刻都有约10万个针状体在活动。针状体从产生到消失的周期约为5分钟，在5分钟"生命"中的波动符合一种常见的声音波形——P波，P波上扬，而太阳表面倾斜的磁流体则牵引这些物质向太阳大气升起，形成针状体。

日冕

太阳的"长发"

日冕是太阳大气的最外层，厚度达到几百万千米以上。日冕温度有 $1 \times 10^6 ℃$。在高温下，带正电的质子、氦原子核和带负电的自由电子运动速度极快，不断挣脱太阳的引力束缚，射向太阳的外围，形成太阳风。日冕发出的光比色球层的还要弱。日冕可人为地分为内冕、中冕和外冕三层。日冕只有在日全食时才能看到，其形状随太阳活动大小而变化。通过 X 射线或远紫外线照片，可以看到日冕中有大片不规则的暗黑区域，这称为冕洞。

太阳风

高能粒子流

太阳风是指从太阳大气最外层的日冕，向空间持续抛射出来的物质粒子流。这种粒子流是从冕洞中喷射出来的。太阳风有两种：一种持续不断地辐射出来，速度较小，粒子含量也较少，被称为"持续太阳风"。另一种是在太阳活动时辐射出来，速度较大，粒子含量也较多，这种太阳风称为"扰动太阳风"，其对地球的影响很大，当它抵达地球时，往往引起很大的磁暴与强烈的极光，同时也发生电离层骚扰。太阳风的主要成分是氢粒子和氦粒子。

太阳风呈螺旋形沿波状途径吹向太阳系的周边。

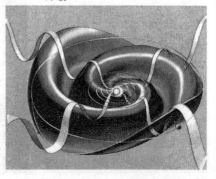

闪焰

低层大气的爆炸

闪焰是太阳表面最激烈的活动,这是因为原本储存于黑子群缠绕的磁力线中的能量,突然以爆发的形式释放出来。原子粒子由此向外爆发,形成的冲击波会横扫整个太阳表面,并穿过太阳的大气层,发出的电磁波则涵盖所有的电磁辐射。一个闪焰会在几分钟内达到最明亮的程度,然后衰减下去,持续时间从数分钟到数小时不等。强大的闪焰,对于行星及其大气的形成会产生重大影响。

日全食

日食

月球挡住了阳光

日食是太阳被月球所掩盖的自然现象。当太阳、月球及地球接近排成一条直线时,地球便会进入月球的本影或半影,日食便会发生。日食可分为日偏食、日环食及日全食三种。日食本身并不罕见,地球上一年中经常有两次或以上的日食,但由于日食带的范围并不广阔,结果在同一地区,平均要每隔2~3年才可看到一次日偏食,而日全食则非常罕见。

· DIY 实验室 ·

实验1:自造太阳能发电站

准备材料:盆、铝箔、挂钩、土豆

实验步骤:把铝箔放在盆里,清理平整;盆中间撕开一块铝箔将挂钩固定在上面,再将土豆串在钩上;把盆放到阳光底下;光照强烈的条件下,若干分钟后,土豆熟了。

原理说明:铝箔把光线引到盆的中间使其产生高温。

实验2:分解太阳光

准备材料:塑料盆、小镜子、白纸、水

实验步骤:在塑料盆里倒入2.5厘米的水,把水盆放在阳光能直射到的地方;把镜子斜靠在盆边;把镜子反射的光导向白纸上,纸张上呈现七彩颜色,从红开始最后是紫色。

原理说明:水使得从镜子反射出来的阳光折射了。当光线折射时,每个颜色都会以不同角度弯曲,造成彩虹效应。

· 智慧方舟 ·

填空:

1. 太阳是由炽热的_____组成的,主要成分是_____和_____。

2. 太阳由里至外可分为_____、_____、_____三层。其中黑子产生于_____层,日珥和耀斑产生于_____层,太阳风则出现于_____层。日全食可以看到的有_____层的_____和_____层的_____。

3. 太阳核心的压力为地球大气压力的_____倍。

4. _____和_____是太阳活动的主要标志。

5. 日冕中有大片不规则的暗黑区域,这称为_____。

6. 色球的结构分为_____、_____和_____三层。

7. 日食可分为_____、_____和_____。

选择:

1. 日震时太阳直径可增大多少?

   A.7千米 B.6.4千米 C.10千米

1. 太阳对流层内部温度约为多少度?

   A.1×10^7℃ B.1×10^6℃ C.1×10^{11}℃

2. 下列各项中温度最高的是?

   A.光球层 B.色球层 C.日冕层

3. 太阳的能量来源是?

   A.核聚变 B.核裂变 C.物质燃烧

4. 米粒组织是发生在太阳哪部分上的活动?

   A.光球层 B.色球层 C.日冕

地球

测量纬度

1.在一个晴朗的夜晚，准备1个量角器、1个杯子、1把椅子和一些水，如果窗户正好朝北，且没有障碍物的话，就可以在室内做这个实验；

2.如果条件不具备，可以在院落里做。要先找准北极星的位置，然后把椅子放平，为了保证椅子的面是水平的，可以用杯子和水帮忙；

3.然后，把量角器竖直放在椅子面上，要保证眼睛、北极星和量角器的原点成一线；

4.记录下来这条线和角器形成的角度。

想一想 这个角度和你所在地区的纬度是否相同，为什么会有这个角度？

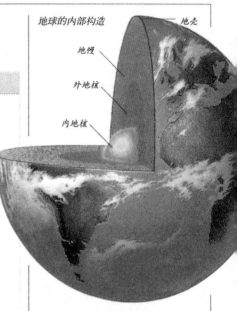

地球的内部构造 — 地壳
地幔
外地核
内地核

地球的内部构造
典型的类地行星结构

地球内部具有同心球层的分层结构，像一个鸡蛋，各层的物质组成和物理性质都有变化。根据陨石有石陨石和铁陨石之分，又由于地球有明显的内源磁场，因此可以推断地球内部有一个铁质的地核。根据地震波在地球内部传播所显示出来的各种迹象，证明地球内部可大致分为地壳、地幔和地核三个组成部分。地表除了岩石圈外，还有水圈和大气圈(大气层)。

地球是太阳系中第六重的天体，轨道处于金星和火星之间，月球是她唯一的天然卫星。在天文学上，地球用"⊕"表示。地球是人类的家园，也是迄今为止，已知宇宙中唯一有生命存在的星球。也正因为如此，地球上面的河流湖泊、平原山地，以及各种生命的活动给地球本身带来了变化。尤其是人类的存在，使得地球本身改变了许多。了解地球是我们了解宇宙世界的基础。

地球的外观
太空中的蓝宝石

地球是颗蓝色的行星。从太空中看到的地球，是一个缓慢旋转着的淡蓝色的行星，像一颗悬在太空中的蓝宝石。地球的颜色主要是由于地球表面广泛覆盖海水的缘故。其表面温度介于0℃～100℃，因此使得水分子能以液体状态存在于地表。而阳光被地表的大气散射折射，就使得地球上的天空和海洋呈现出蓝色。从月球的角度观察地球，地球上除了呈现出蓝色外，还有一层白色的云围绕在地球的表面。

蓝色星球——地球

地壳

地球蛋的岩石外表

地壳是地球球层结构的最外层。大陆地壳的厚度一般为 35～45 千米，喜马拉雅山区的地壳厚度可达 70～80 千米。地壳有个下界面，叫作莫霍界面。在此界面以下地震纵波的速度由平均 5.6 千米／秒突然增至 7.8 千米／秒。大陆地壳一般分为上地壳和下地壳，上地壳较硬，是主要承受应力和易发生地震的层位，下地壳较软。海洋地壳较薄，一般只有一层，且比大陆地壳均匀。

地幔

地球蛋的蛋清

地幔是位于地壳和地核之间的中间层，平均厚度为 2 800 多千米。地幔又分为上地幔（350 千米深度以上）和下地幔。上地幔中存在一个地震波的低速层，低速层之上为相对坚硬的上地幔的顶部。通常把上地幔顶部与地壳合称岩石圈。全球的岩石圈板块组成了地球最外层的构造，地球表层的构造运动主要在岩石圈的范围内进行。板块构造学说认为，岩石圈板块漂浮在软流圈之上，可以做大规模的水平向移动。

地球内部结构图

地核

地球蛋的蛋黄

地核是地球的核心部分，主要由铁、镍元素组成，半径为 3 480 千米。地核的密度高达 13.5×10^3 千克／立方米。1936 年，莱曼根据通过地核的地震纵波走势，提出地核内还有一个分界面，将地核分为外地核和内地核两部分。由于外地核不能让横波通过，因此推断外地核的主要成分虽然是铁、镍金属，但物质状态却是液态的。一个合理的解释是外核可能含有更多的轻元素，因这些元素的加入，大大降低了外核的熔点。

指南针是依据地球磁极指南北的。

阿基米德能举起地球吗

太空中，地球只是一个普通的天体，但对人类来说，地球的质量是非常巨大的。相传古代发现杠杆原理的力学家阿基米德说过："给我一个支点，我就能举起地球。"阿基米德知道，如果利用足够长的杠杆，就能用一个最小的力，把不论怎样重的东西都能举起来。现在几乎所有的人都知道那是非常不可行的，因为地球太重了。如果正常人用足够长的杠杆将其撬起来 1 厘米，据计算，人在杠杆的另一端至少得花掉上万亿年。

阿基米德

地球磁场

最强的类地行星磁场

地球和近地空间存在着磁场，叫作地球磁场。地球磁场的强度是类地行星中最强的。地磁场主要来源于地球内部，而来自外层空间的成分还不到 1%。地磁场基本上是一个偶极磁场，它有南北两个磁极，连接南北两个磁极的轴叫磁轴，磁轴与地轴有一个交角。早在宋朝，沈括就发现了地磁交角的现象。地磁场的边界，朝太阳的一面大约有 50 000 千米，背向太阳的一面可达 40 000 千米。地磁极是不断移动的。

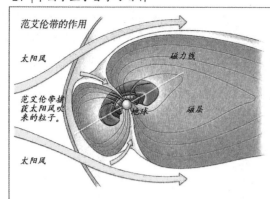

范艾伦带的作用

太阳风

范艾伦带捕获太阳风吹来的粒子。

太阳风

地球磁层

不对称的保护带

地球具有很强的磁场。当太阳风到达地球附近空间时，与地球的偶极磁场发生作用，把地球磁场压缩在一个固定的区域里，这个区域就叫磁层。磁层像一个头朝太阳的蛋形物，它的外壳叫作磁层顶。地球的磁力线被压在"壳"内。在背对着太阳的一面，壳逐渐拉长，尾端呈开放状，磁力线一直延伸到 2×10^{10} 千米以外。磁层位于范艾伦带外，好像一道防护林，保护着地球上的生物免受太阳风的袭击。

磁极倒转

危险的醉汉

地球磁场会缓慢漂移，发生磁极位置对换，即地磁的北极变化成地磁的南极，南极变成北极。地球磁极倒转造成的后果相当严重，最大的灾难莫过于太阳辐射。地球两极倒转过程中地球磁场会消失，太阳粒子风暴将会猛击地球大气层，对地球气候和人类命运产生致命的影响，一些低轨道人造卫星也将会被完全摧毁。地球磁极的转换速度在不同的区域存在一定的差别。

地磁的构造

范艾伦带

地球的磁力腰带

太阳发出的带电粒子被地球磁场俘获，在地球高空形成一条带电粒子带，分为内外两条，因为是美国科学家范艾伦设计的计数器最先发现的，因此又称为范艾伦带。美国的探险者人造卫星在轨道上发现，地球周围围绕的这一圈高能粒子辐射带，其内部的粒子中有很大的辐射能量，现在几乎所有宇宙飞船的飞行估计都会躲过它。范艾伦带对地球表面起着屏障作用，能有效抵御强烈的太阳风。范艾伦带有内外之分，不存在于地球南北两极上空。

地球公转轨道

微扁的椭圆形

地球公转的路线，称为公转轨道。地球公转轨道的形状是一个椭圆。公转轨道的半长径为149 597 870千米,轨道的偏心率为0.0167,说明地球公转轨道非常接近于圆形。公转周期为一恒星年,公转平均速度为29.79千米／秒。太阳就位于地球椭圆轨道的一个焦点上。近日点距太阳1.47×10^8千米,远日点距太阳1.52×10^8千米。地球公转轨道全长9.4×10^8千米。

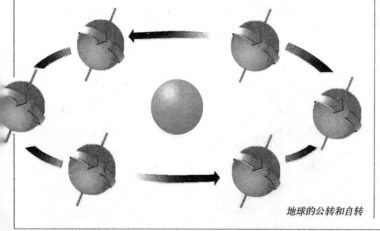

地球的公转和自转

岁差

地球年历的周期变化

地球的轴进动引起春分点缓慢向西运行，而使回归年比恒星年短的现象，叫做岁差。在日、月的引力作用下，地球自转轴的空间指向并不固定，呈现为绕一条通过地心并与黄道面垂直的轴线缓慢而连续地运动，大约25 800年顺时针方向(从北半球看)旋转一周。描绘出一个圆锥面，此圆锥面的顶角等于黄赤交角23.5°。于是天极在天球上绕黄极描绘出一个半径为23.5°的小圆，也使春分点沿黄道以与太阳周年视运动相反的方向每25 800年旋转一周，每年西移约50.3″。

季节

春夏秋冬变奏曲

四季的变化是由地球斜着身子绕太阳公转引起的。地球的自转轴与垂直于轨道面的轴线倾斜成23°26′的交角，自转轴在星空里的指向也基本不变。因此，太阳光直射位置在南、北回归线之间来回移动，一年往返一次，使四季交替出现。

地球自转

地球生活的主旋律

地球环绕太阳运转的同时，自身也在不停地自西向东旋转着，这种旋转运动就叫做地球自转。旋转一周就是一天，约等于23小时56分钟4秒太阳日。在赤道附近，地球自转的速度大约是0.5千米/秒。据科学研究发现，地球的自转速度一直在减慢，这种减慢的速度是微乎其微的，所以感觉不到。地球的自转给地球带来了昼夜更替，决定了地球生物的新陈代谢，掌握了地球生命的节奏。

昼夜现象

自转而成的现象

昼夜是白天和黑夜的合称。昼夜交替是地球在太阳光的照射下，因自转运动而形成的一种自然现象，这种交替以一个太阳日(24小时)为周期。而由于地球的倾斜和公转带来的四季变化，昼夜也跟随着周期性变长变短。夏季的白天要比黑夜长，而冬天则正好相反。我们生活的地球总是以半个球面向着太阳，另外半个球面背向太阳。待在向着太阳的半个球面的人生活在白天，而待在背向太阳的半个球面上的人则生活在黑夜。

春分、秋分时地球上的昼夜现象

赤道

地球的"腰带"

赤道是环绕地球表面距离南北两极相等的圆周线，其总长度为 40 076.604 千米，被人们认为是地球上最长的地理界线。赤道地面上距离南北两极各为 90° 纬度，地球赤道面过地心，垂直于地轴，是纬度的起算面，赤道将地球分为南、北两半球。赤道是人们为形象地说明地球的自转，人为地设定的一条线。有了赤道，才有了在地球仪上绘制纬线、定纬度的办法，也就有了在地球上定东西方向的科学方法。赤道地区全年昼夜均分。

经度

地球的东西刻度

在地球仪上，连接南北两极的线叫"经线"，也叫"子午线"。经线指示南北方向，所有的经线长度都相等。两条正相对的经线形成一个经线圈，任何一个经线圈都能把地球平分为两个半球。为了区别每一条经线，人们给经线标注了度数，这就是"经度"。国际上规定，把通过英国格林威治天文台原址的那一条经线定为 0°，也叫本初子午线。从 0° 经线算起，向东、向西各分作 180°，0° 以东属于"东经"(E)，以西属于"西经"(W)。

纬度

地球的南北刻度

纬度是指地球仪上通过某地的纬线跟赤道相距的度数。从赤道到南北两极各分成 90°，赤道为 0°，南北两极各为 90°。纬度是个线面角。某地的纬度就是该地与地心的连线与赤道平面之间的夹角。纬度在本地经线上度量，由赤道向南、北度量，向北量值称为北纬度，向南量值称为南纬度。一地的纬度是该地对于赤道的方向和角距离。

地球上经度和纬度的划分

历法

指引人类生活规律的时间表

历法是推算年月日的时间长度和它们之间制定时间序列的法则。日的长度是根据太阳每天的视运动定出的；年则是和地球的公转周期相关，年里的月数和日数，很多时候是人为定出的。过去各地制定出来的历法都有差别。此外，确定年首、月首、节气以及比年更长的计时单位，也都是历法中所要制定的内容。用表格形式表示星期和每月、日期之间的对应关系，叫作日历。

经纬分明的地球

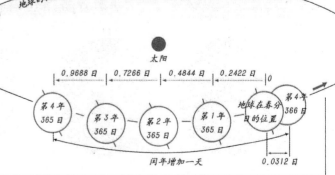

农历

中国特色的历法

农历指中国现行的夏历，因其与农业生产有关而得名。农历属于阴阳历，历月采用阴历月的成分，历年有时是12个朔望月，有时加1个闰月为13个朔望月。在19年中加7个闰月。这种通过设置闰月的方法，使年平均值接近了回归年，具有了阳历的成分，使历法安排与季节变化和气候变化基本相符。我国早在公元前6世纪就开始使用农历历法。现在在使用阳历历法的同时，农历历法依然在我国使用。

1833年的农历

二十四节气

二十四节气起源于黄河流域。远在春秋时代，就定出仲春、仲夏、仲秋和仲冬等四个节气。以后不断地改进与完善，到秦汉年间，二十四节气已完全确立。汉朝时正式把二十四节气定于历法，明确了二十四节气的天文位置。太阳从黄经0°起，沿黄经每运行15°所经历的时日称为"一个节气"。每年运行360°，共经历24个节气，每月2个。其中，每月第一个节气为"节气"，每月的第二个节气为"中气"，统称为"节气"。不同的节气反映了不同的季节、温度、天气和物候现象。

太阳历

世界通行的历法

太阳历又称为阳历，是以地球绕太阳公转的运动周期为基础而制定的历法。太阳历的历年近似等于回归年，平均长度与回归年只有26秒之差。阳历的月份、日期都与太阳在黄道上的位置较好地符合。根据阳历的日期，在一年中可以明显看出四季寒暖变化的情况。现行公历就是一种阳历，平年365天，闰年366天，每四年一闰，每满百年少闰一次，到第四百年再闰，即每四百年中有97个闰年。

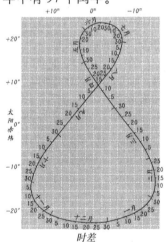

时差

二十四节气表

节气名	立春 (正月节)	雨水 (正月中)	惊蛰 (二月节)	春分 (二月中)	清明 (三月节)	谷雨 (三月中)
公历日期	2月 4或5日	2月 19或20日	3月 5或6日	3月 20或21日	4月 4或5日	4月 20或21日
太阳黄经	315°	330°	345°	0°	15°	30°
节气名	立夏 (四月节)	小满 (四月中)	芒种 (五月节)	夏至 (五月中)	小暑 (六月节)	大暑 (六月中)
公历日期	5月 5或6日	5月 21或22日	6月 5或6日	6月 21或22日	7月 7或8日	7月 23或24日
太阳黄经	45°	60°	75°	90°	105°	120°
节气名	立秋 (七月节)	处暑 (七月中)	白露 (八月节)	秋分 (八月中)	寒露 (九月节)	霜降 (九月中)
公历日期	8月 7或8日	8月 23或24日	9月 7或8日	9月 23或24日	10月 8或9日	10月 23或24日
太阳黄经	135°	150°	165°	180°	195°	210°
节气名	立冬 (十月节)	小雪 (十月中)	大雪 (十一月节)	冬至 (十一月中)	小寒 (十二月节)	大寒 (十二月中)
公历日期	11月 7或8日	11月 22或23日	12月 7或8日	12月 21或22日	1月 5或6日	1月 20或21日
太阳黄经	225°	240°	255°	270°	285°	300°

原子钟

原子钟是一种极精密的计时器。原子钟通常是利用特定的频率对光和辐射做出反应的原子驱动"钟摆"。目前最高的原子钟是利用106个液态金属原子对微波辐射产生共振效应控制针的走动。这样的时钟每秒约走动10^{11}次，钟针走得越快，计算的时间也就越精确。原子钟是当今国际通用的一种时间精确计量的工具。用原子钟作基准，时间精度最高可以达10^{-14}秒。原子钟现在广泛运用在各个领域。

恒星时与太阳时

天体的计时系统

恒星时是指用春分点做为基本参考点，由春分点周日视运动确定的时间，简称ST。某一地点的地方恒星时，在数值上等于春分点相对于当地地方子午圈的时角。由于岁差和章动的影响，春分点在天球上不是固定的。太阳连续两次经过同一地方子午圈所经历的时间，称为太阳时。太阳时有视太阳时和平太阳时两种区别。平太阳连续两次经过上中天的时间间隔，叫作平太阳日。1平太阳日分为24平太阳时。这个时间系统称为平太阳时，简称平时。

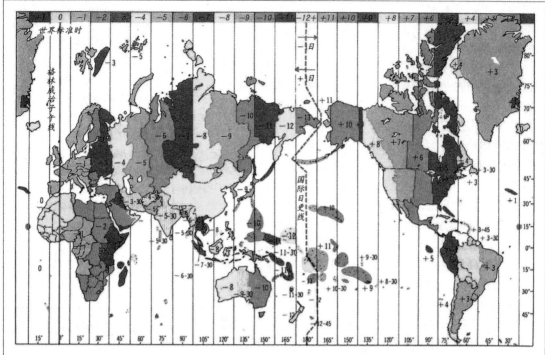

时区

区别各地时间的划分

　　世界时区的划分，是以本初子午线为标准的。从西经7.5°到东经7.5°（经度间隔为15°）为零时区；从零时区的边界分别向东和向西，每隔经度15°划一个时区，东、西各划出12个时区。东十二时区与西十二时区相重合。全球共划分成24个时区。各时区都以中央经线的地方平时为本区的区时。相邻两时区的区时相差一小时。当人们跨过一个区域，就将自己的时钟校正一小时（向西减一小时，向东加一小时）。时区界线原则上按照地理经线划分，但在具体实施中，为了便于使用，往往根据各国的政区界线或自然界线来确定。

标准时

中央子午线的地方平时

　　由于不同经度的观测点，在同一时间所测得的各地方平时不同，因此需要一个统一的标准时间。以某一子午线的地方时为邻近地区的共同时间，这样的时间称为标准时。1884年国际经度会议，决定了区时制度，将全世界分为24个标准时区，每区以中央经线的地方平时，为每区之标准时。零时区的中央经线即通过格林威治天文台的经线，所以就称为格林威治标准时。标准时间是人为时间，无助于确定天空的目标，比如要确定太阳的位置，就必须使用视太阳时，要确定天空中的目标就必须使用地方平时。

日晷

早期的计时工具

　　"日晷"本义是指日影，在古代专业的天文学文献中一般是指反映周年变化的正午日影长度。后来人们专门发明出一种利用日影的变化来计时的仪器，现代汉语中日晷一词便专指这样的仪器了。这种仪器的主要组成部分就是一根投射太阳阴影的指针和垂直于指针的投影面即晷面，以及晷面上的刻度线。日晷因晷面的不同，分为地平式、赤道式、子午式日晷、卯酉式日晷等许多种。

日晷

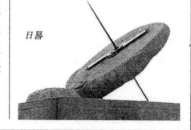

地球的表面
不平坦的海陆结构

地球上海洋占了地球表面积的四分之三,在剩下的约四分之一的陆地上也分布着纵横交错的江河湖泊。地球的表面还很年轻,板块运动比较活跃,因此经常引发火山和地震。由于大陆大部分都集中在北半球,而南半球的海洋比重更大,所以南北半球又分别被称为水半球和陆半球。

地球表面大部分区域是海洋。

板块运动
一直在分裂的地球表面

板块运动是一个板块对另一个板块的相对运动。板块学说认为,地壳上的岩石圈并不是一个完整的、没有缝隙的整体,而是有几处明显的裂缝,整个岩石圈形成了六大板块,这些板块漂浮在不断流动的地幔上,板块随着地幔的变化,而呈现出有规律的变动。这些板块处于不断的分开与合并之中,形成了今天七大洲和四大洋的地貌。

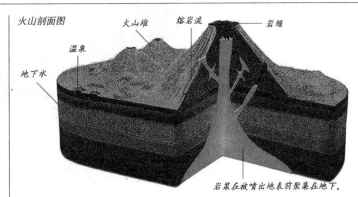

火山剖面图　火山堆　熔岩流　岩颈　温泉　地下水

岩浆在被喷出地表前聚集在地下。

火山活动和地震
板块运动的表象

火山活动和地震都是板块运动的表象之一。火山和地震的高发地带,大多是各大板块的交界处。火山和地震往往一起发生。火山活动的过程常造成许多微小地震,大爆发更会产生强烈地震;地震的发生也常导致火山活动。地球内部的物质运动和从而引起岩石层的破裂是产生火山和地震的根本原因。天文因素如日月的引潮力等也对地震起到诱发作用。但根本的动力仍是地球内部能量的积累。

地球大气
地球的气体保护伞

地球大气是指包围地球的气体层。地球引力束缚着大量气体,形成地球大气层,大气质量约 6×10^{18} 千克,差不多占地球总质量的百万分之一。大气层最高可能延伸到离地面 6 400 千米左右。地球大气由氮、氧、氩、氖、氦、氢、臭氧、水汽、二氧化碳等气体组成。其中氮和氧分别占空气总量的 78.9% 和 20.95%。另外,大气层中还含有一定量的水和多种尘埃杂质,它们是形成雨、雾、雪的重要物质。

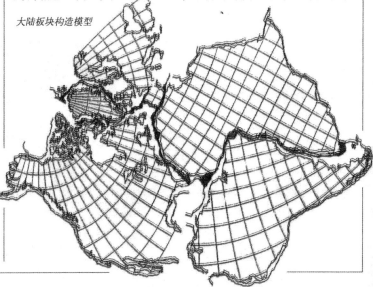

大陆板块构造模型

大气的分层

大气的"立体印象"

自地球表面向上，随高度的增加，空气越来越稀薄。大气的上界可延伸到 6 400 千米的高度。根据气温的垂直分布、大气扰动程度、电离现象等特征，一般将大气分为五层，即对流层、平流层、中间层、热层和外大气层(也称散逸层)。其中，对流层是从地面到大约 10 千米的高空。它和人类生活息息相关。平流层是交通工具的极限活动区域。

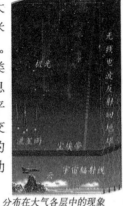

分布在大气各层中的现象

海洋

孕育生命的温床

海洋即"海"和"洋"的总称。地球的四分之三的面积被海洋覆盖。一般人们将这些占地球很大面积的咸水水域称为"洋"，大陆边缘的水域称为"海"。洋即"大洋"，是海洋的主体，为海洋的中心部分，世界大洋的总面积约占海洋面积的89%。大洋的水深一般在 3 千米以上，最深处可达十几千米。每个大洋都有自己独特的洋流和潮汐系统。大洋的水透明度很大，水中的杂质少。世界上的大洋共有四个。

水的循环

水循环

水的旅程

在太阳能和地球表面热能的作用下，地球上的水不断被蒸发成为水蒸气，进入大气。水蒸气遇冷又凝聚成水，在重力的作用下，以降水的形式落到地面，这个周而复始的过程，称为水循环。水循环分为大循环和小循环。海陆之间水的往复运动过程，称为水的大循环。仅在局部地区(陆地或海洋)进行的水循环称为水的小循环。环境中水的循环是大、小循环交织在一起的，并在全球范围内和在地球上各个地区内不停地进行着。

洋流

地球表面的体温调节器

洋流是海水的普遍运动形式之一。它形成的主要原因是由于长期定向风的推动。洋流可分为从低纬度流向高纬度的暖流，以及从高纬度流向低纬度的寒流。各种洋流通过热传递，使地球的海水温度趋于均一。洋流会影响流经地区沿岸的气候，因为洋流的流动是地球上热量转运的一个重要动力。洋流调节了南北气温差别，在沿海地带等温线往往与海岸线平行就是这个缘故。

地球表面的主要洋流分布

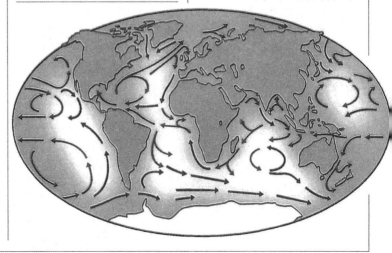

温室效应

工业活动的恶果

大气中的二氧化碳浓度增加，阻止地球热量的散失，使地球发生可感觉到的气温升高，这就是有名的"温室效应"。破坏大气层与地面间红外线辐射正常关系，吸收地球释放出来的红外线辐射，就像"温室"一样，促使地球气温升高的气体称为"温室气体"。二氧化碳是数量最多的温室气体，约占大气总容量的0.03%，许多其他气体也会产生温室效应，其中有的温室效应比二氧化碳还强。

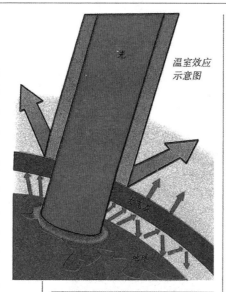

温室效应示意图

厄尔尼诺现象

恶化的气候

"厄尔尼诺"在西班牙语中的意思为"圣婴"，起源于对南美洲沿岸海水水温升高现象的描述。现在所说的"厄尔尼诺现象"是指数年发生一次的海水增温现象向西扩展，整个赤道东太平洋海面温度增高的现象。主要指太平洋的热带海洋和天气发生异常，使整个世界气候模式发生变化，造成一些地区干旱而另一些地区又降雨量过多。这种气候现象通常在圣诞节前后开始发生，往往持续好几个月甚至一年以上，影响范围极广。

拉尼娜现象

拉尼娜现象，是指赤道太平洋东部和中部海表温度大范围持续异常变冷（连续六个月低于常年0.5℃以上）的现象。其表征正好与厄尔尼诺相反，故也被称为"反厄尔尼诺"。拉尼娜常与厄尔尼诺交替出现，但其发生频率要低于厄尔尼诺。拉尼娜对天气气候的影响大致与厄尔尼诺相反，但其影响程度和威力较厄尔尼诺要小。拉尼娜年，我国容易出现冷冬热夏的状况，即冬季气温较常年偏低，夏季偏高。

· DIY 实验室 ·

实验：温室效应

准备材料： 1个透明的玻璃杯、2条黑色美术纸、2支温度计、透明胶

实验步骤： 周末，在晴朗的天气里，寻找一块向阳的地方，将玻璃杯倒扣在地上；将2支温度计用透明胶分别粘在黑色美术纸上；将其中的一组放在玻璃杯内，另外一组放在玻璃杯外面，记录下当时的温度；每隔30分钟观测一下，记录一下2支温度计上的温度，看有什么不同。

原理说明： 放在玻璃杯中的那支温度计的温度在开始时和外面的温度计的温度一样，但隔一段时间后，就会始终高于外面的温度。同理，地球表面的二氧化碳形成了地球的"玻璃杯"，吸收了大量的太阳光，却反射回来了地球的辐射热，造成了温室效应。

· 智慧方舟 ·

填空：

1. 地壳的平均厚度是_____。
2. 东西经0°又叫作_____。
3. 地核的半径是_____。
4. 地球公转的平均速度是_____，近日点时距太阳_____，远日点距太阳_____。
5. 公历的历年平均长度与回归年有_____的差距。
6. 地球大气中，氧占_____，二氧化碳占_____。
7. 地球上有_____大板块。
8. 台风最危险的部分叫作_____。

月球

·探索与思考·

月球上的坑

1. 准备1张纸、1支铅笔和1架普通的天文望远镜；

2. 在晴朗的夜晚，要保证月球的月相不满，也就是说，月球最好不是满月。观测前，先用铅笔画出当日月球的轮廓，你也可以画个正圆，分出明亮的部分和阴影部分；

3. 将望远镜对准月球，边观测边记录。将你看到的月表的形状用铅笔简单地一一描绘在纸上的"月球"里，看你能认出多少个地方。

想一想 为什么月球的表面呈现出这种面貌？

月球是地球的姐妹，是地球唯一的一颗天然卫星，也是距离地球最近的可见天体。月球早在史前就已为人所知。古罗马人称之为Luna，古希腊人称之为Selene或阿尔特弥斯（月球与狩猎的女神），另外在其他神话中它还有许多名字。在古代中国，月球被称为月兔、蟾宫。从地球上看到的月球，其亮度仅次于太阳。由于它的大小与组成，月球有时与水星、金星、地球和火星分在一起，被当作类地行星看待。

月球的起源

差别甚大的四大假说

传统的月球起源假说分为三类，即同源说、分裂说和俘获说。近年来，一个新的假说认为，在太阳系形成早期，大约在相当于目前地－月系统存在的空间范围内，形成了一个原始地球和一个火星般大小的天体。一个偶然的机会，这两个天体撞在了一起，地球被撞出了轨道，火星般大小的天体也碎裂了。飞离的气体、尘埃受地球的引力作用"落"在地球的周围，通过相互吸积，先形成几个小天体，以后像滚雪球似地形成了月球。

地月系

最基本的天体系统

地球同月球所构成的天体系统称为地月系，地球是它的中心天体。由于地球质量同月球质量的相差悬殊（为81.1∶1），地月系的质量中心距地球中心只有约1 650千米。通常所说的日地距离，实际上是太阳中心和地月系质心的距离。通常所说的月球绕地球公转，实际上是地球和月球相对于它们的共同质心的公转。由于这种公转，共同质心在地球内部有以恒星月为周期的位移。

公转与自转

与地球始终面对面

月球绕地球运转的轨道是一条稍扁的椭圆轨道。月球的自转周期等于它的公转周期，所以我们在地球上只能看到月球的同一半面。由于地球不断向月球提供自转能量，使得自转速度每世纪减慢1.5微秒，也使月球公转地球轨道每年增加3.8米。不对称的引力交互作用也使月球自转同步。由于地球的自转因月球的影响而减缓，所以很早以前，月球的自转速度也因地球而减缓。

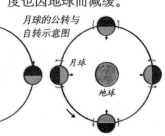

月球的公转与自转示意图

月食的过程

白道

月球公转的轨道

地—月间距离变化较大，近地点为363 300千米，远地点是405 500千米，平均距离为384 402千米。月球以椭圆轨道绕地球运转，这个轨道平面在天球上截得的大圆称"白道"。白道平面不重合于天赤道，也不平行于黄道面，而且空间位置不断变化，周期173日。月球轨道（白道）对地球轨道（黄道）的平均倾角为5°09′。

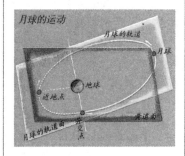

恒星月

公转的真正周期

月球与某一恒星两次同时中天的时间间隔叫做"恒星月"，恒星月是月球绕地球运动的真正周期。月球绕地球一周平均为29.53日，但地球本身也在公转，所以从地球看月球在群星中绕一圈的日数y，比盈亏月的29.53日要短些。此y称为恒星月。一恒星月为27.32日，中国古代把天分为二十八宿，让月球一日一宿，但有时只能把其中的两个宿场合并，而成为二十七宿。

朔望月

制定月历的基础

一个恒星月后，由于在月球绕地球公转时，地球也在绕太阳公转，月球要再行多一点点的距离，它们方能排成直线，所以要见到同一个月相要较多一点的时间，这个月相周期为29.53日，称为朔望月。朔望月却因为是月球圆缺变化的周期，与地球上涨潮落潮有关，与航海、捕鱼有密切的关系，对人们夜间的活动有较大的影响，同时在宗教上月相也占有重要位置，所以人们自然地以朔望月作为比日更长的记时单位。

月相

月球变化着的相貌

月相是从地球上看到的月球发亮部分的形状。随着月球每天在星空中自西向东移动一大段距离，它发亮部分的形状也在不断地变化着。由于月球本身不发光，在太阳光照射下，向着太阳的半个球面是亮区，另半个球面是暗区。随着月球相对于地球和太阳的位置变化，就使它被太阳照亮的一面有时对向地球，有时背向地球；有时对向地球的月球部分大一些，有时小一些，这样就出现了不同的月相。

月食

月球躲进地影里

月食是一种较为常见的天象。地球在背着太阳的方向会出现一条阴影，称为地影。地影分为本影和半影两部分。本影是指没有受到太阳光直射的地方，而半影则是只受到部分太阳直射的光线。月球在环绕地球运行过程中有时会进入地影，这就产生月食现象。当月球整个都进入本影时，就会发生月全食；如果只是一部分进入本影，则只会发生月偏食。在月全食时，太阳光受地球大气层的折射投射到月面上，令月面呈红铜色。

月相变化

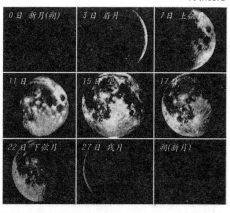

上弦月西沉时的情形

上弦月

每月初七时的月相

上弦月是月相之一，又叫上半弦月。月球有盈亏变化，其变化的几何原理很简单。上半弦月发生时，太阳的光线照在月球的半球面，正好与月球面对地球的半球面互相垂直，所以地球上实际看到的月球只有半弦月。上弦月一般出现在阴历每月初七左右，与之相对的下弦月出现在每月的二十二日左右。出现上弦月时，月球在黄昏时从南方出现，到午夜时会从西方下沉消失。

月球与潮汐

月球给地球的作用力

地球与月球之间的引力场形成了有趣的现象。最显而易见的便是潮汐现象。月球正对地球一点的引力为最大，反面一点则相对弱小一些。地球，特别是海洋部分并不是完全固定的，而是朝月球方向略有延伸。以地球表面为透视角观察的话，会看到地球表面的两个膨胀点，一个正对月球，另一个则正对反面。这效果对海洋的影响比对固态地壳强烈得多，所以海洋处膨胀得更高。另外，因为地球自转比月球公转速度快，膨胀每天一次，每天的大潮一共有两次。

月球结构 —— 花岗岩质的外壳
—— 岩质月幔
—— 液态外核
—— 固态核

月球的内部构造

和地球一样的结构

月球也可分成月壳、月幔和月核。月壳厚约60～65千米，它最上部的1 000～2 000米主要是月壤和岩石碎块。月壳以下到1 000千米处是月幔，月幔占了月球一半以上的体积，主要由相当于地球上的基性岩和超基性岩组成，物质密度一般超过每立方厘米3.5克，下层可能略低5%。从月幔以下直到1 740千米深处的月球中心为月核，主要由铁、镍、硫等组成。

月球与潮汐的关系

背对月球的一侧也发生涨潮，此处月球的重力牵引最小。
地球的轨道
地球
涨潮
月球的重力吸引地球上的海水。
月球

地球上各处的海岸在涨潮时都有高潮的现象。
地球自转
低潮发生在涨潮区的另一侧。
面对月球的涨潮区
月球轨道

月球数据表	
与地球距离(千米)	384 400
半径(千米)	1 737.5
质量(千克)	7.3483×10^{22}
平均密度(克／立方厘米)	3.344
自转周期(地球日)	27.321661
绕地球转一周时间(地球日)	27.321661
绕地球转一周速率(千米／秒)	1.03
轨道离心率	0.05490049
轨道倾斜角(度)	5.1454
自转轴倾斜角(度)	1.5424
反射率	0.12
最大光度	-12.74
最高表面温度	123℃
最低表面温度	-233℃

巨大的环形坑壁

月球的表面

满目疮痍的形貌

月球的表面坑坑洼洼，整个月球表面都覆盖着10厘米厚，像沙粒的东西。从地球上看月球时，可以发现它的表面有一些比较暗的阴影，那就是月海，里面并没有半滴水，而是干燥的低洼平原。我们平常看到月球的阴影，就是这些低地和坑洞造成的。这些坑洞，有些是火山爆发造成的，有些是陨石撞击造成的。很多火山口，都是用著名的科学家、文学家和艺术家的名字来命名的。月表明亮的部分则是地势较高的山，最高的山高度可达6 000米。

月球上的能源

丰富的核能资源

由于能源相对丰富，月球将可能成为人类未来的能源基地。月球既无磁场，又无大气，太阳风粒子能很容易地抵达月球表面，渗入月壤颗粒，使表面蕴藏着丰富的氦－3。氢也通过太阳风注入而蕴藏在月壤之中。通过氘和氦－3聚变反应可获得能源。初步估算，月壤中氦－3所能产生的电能，相当于1985年美国发电量的4万倍。月球上还含有丰富的钛铁矿，尤其是月海玄武岩。钛铁矿是铁、钛的来源，是生产氧的潜在来源，氧又可与氢合成获得水。

争夺月球控制权

由于月球上蕴藏着丰富的资源，所以引起航天大国的垂涎。据俄罗斯透露，美国政府新推出的驻月计划是一项雄心勃勃的新能源计划。新太空战略会使得美国在20年后操控全球能源市场，进而使得因碳氢燃料耗尽而陷入能源危机的全球受制于美国。热核能有望解决人类即将面临的能源危机。热核能最好的热核燃料是氦－3同位素。而在月球上，氦－3的含量非常丰富。美国军事高层还提出，要保障美国在未来航天的优势地位，就必须把月球控制在美国的手中。

宇航员正在采集月球岩石样品。

月坑

陨星给月面留下来的印记

月坑是月球表面的地理现象。月球表面，特别是月陆地区，布满了大小的月坑。其中，辐射状月坑的辐射线通常从月坑中心呈放射状向外延伸，极为壮观。月坑形成的方式有两种，一种为陨星碰撞而成，另一种则为火山爆发所致。

月坑形成的模拟图

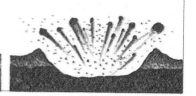

月岩

古老的岩石

左为月海里的岩石，右为月陆里的岩石。

月岩即月球上的岩石。从月球带回的标本来看，月岩组成比较简单。在月海中主要为溢流玄武岩。玄武岩颜色较深，反照率很低，从地球上看月球，表现为月球表面的暗斑。月球上的玄武岩和地球上的相应的火山岩类似，但是，月岩中没有水、碳、氢等低温蒸发物质，而富含耐熔元素。由于月球的已知区域内没有水，因此月岩极其干燥。根据月岩年龄测定结果，月球的年龄与地球相当。

月壤

分布不均的土层

月壤就是月球表面的土壤。月球的表面到处都覆盖着厚层的岩屑和玻璃质物质，被称为月壤。月球上月壤不是风化剥蚀作用形成的，而是由细小的尘埃和稍大的砂砾物质组成。在月海中，月壤的厚度一般为2~10米，月陆中月壤的厚度稍大些，可以达到20米。月壤中的岩屑主要由各种不同形状和结构的玄武岩和斜长岩组成。月壤中的角砾主要由玄武岩岩屑和玻璃质胶结物两部分组成。此外，在月壤中还有一定比例的球粒陨石。

月球上的冰

神秘的月球水

20世纪90年代两项太空探测曾指出月球极区可能蕴藏大量的冰，但即使月球极区有冰，可能也是与尘土混合，广阔散布于地下的永冻层中。1996年，美国宇宙飞船在月球南极坑洞的坑壁上第一次发现可能有水冰存在，1998年月球探勘者号发现月极地表下1米处有氢原子，因此推测该处可能存在大量水冰。月球极区之所以能够储存冰的缘故是因为这里的温度仅−173℃，太阳升到最高点也只有2℃，根本无法照入深邃的坑洞内。

永远留存 月球上的脚印

月海

无水的低地

"月海"是月球上比较低洼的平原，里面并没有大量的水。目前，还没有在月球上直接发现水。整个月球上共有32个"海"，其中向着地球的这一面有19个。最大的海是风暴洋，面积约500万平方千米，这些名字是古代天文学家定的。大多数月海具有圆形封闭的特点，周围是山脉，但有些圆形月海相互之间是连接着的。月海海面一般比"月陆"要低得多，最低处深达6000多米。月海不很平坦，内部常有圆形的坑穴，还有圆环状的小山丘。

月陆

明亮的高地

月球表面高出月海的地区称"月陆"。从地球上看，月球上明亮的部分是高地和山脉，它们是月陆的组成部分。月陆比月海平均高出2000~3000米，在面对地球的正面，月陆的总面积和月海的总面积大致相等；而在月球背面，月陆的面积要比月海的面积大得多。根据从月球带回的岩石测定，月陆形成的年代约为46亿年左右，大约与月球同龄，比月海早得多。

环形山
月球地貌地最大特征

环形山是月面上最显著的地貌特征。它的中央有一块圆形的平地，外围是一圈隆起的山环，内壁陡峭，外坡平缓。环形山的高度一般在7~8千米之间。它大小不一，直径相差悬殊，最大的环形山是月球南极附近的贝利环形山，直径达295千米，比我国的浙江省小一点。

哥白尼环形山
最显著的环形山

哥白尼环形山是月球上最突出的环形山之一，位于月面10°N、20°W，直径为93千米，是比较年轻和保持完好的撞击环形山的一个典型例子，也是月球上亮辐射纹的发源地。从月球轨道环行器2号于1966年11月所拍的一张著名的斜摄的环形山内部的照片上，可以看出，在环形山壁上有像大梯子的台阶一样的台地，直达环形山的底部。环形山的中央峰高达800米，可能是由撞击深处的岩石回弹造成的。

哥白尼环形山

月表其他著名的地貌

除了哥白尼环形山外，月球上还有一些比较知名的地貌。亚平宁山是月球上最为显著的山脉之一，它和周围的一组山系组成雨海边缘的坑壁，构成一串不连续的环状山脉。危海是著名的月海，外形呈椭圆形，宽度在450千米左右，长度在563千米左右，其平坦底部覆盖着熔岩，还有一些小月坑。另外，从地球上看去，月球正面的托勒密环形山、阿基米德环形山等也都很显著。

月球的背面
多月坑的表面

由于月球始终是一面朝着地球，所以其另一面就显得相对神秘许多。月球的背面较之正面，基本上没有月海，而以坑坑洼洼的月坑和环形山为主，因而显得十分的崎岖不平。月球的背面相较于正面有一个优势，它很少受到地球发出的电子信号和反射的太阳光的干扰，从上面看到的星空就要清晰许多，因而十分适合建立一个用于观测太空的太空观测站。另外，月球背面有几个月坑以中国古代科学家的名字命名。

月球背面的地貌

阿波罗计划
向月球进军

阿波罗计划，是美国从1961年到1972年的一系列载人登月飞行任务。针对苏联在航天技术上的突飞猛进，肯尼迪政府制定计划：在20世纪60年代的10年中完成载人登月和安全返回的目标。1969年阿波罗11号宇宙飞船达成了这个目标。为了进一步执行在月球的科学探测，阿波罗计划延续到20世纪70年代早期。整个计划获得了丰硕的科学资料及将近400千克的月球样本。

月球探测器
探测月球的飞行器

月球探测器即针对月球探测行动发射的太空探测器。除了阿波罗计划(以送太空人到月球而著名)外，还有许多遥控太空船登上月球执行探测任务，如美国测量者探测船。第一艘登陆月球表面、绕行月球，并首次拍摄月球北面影像的是苏联的月球探测船。在未来的几年内，或许我们国家的探测器也会出现在月球上。

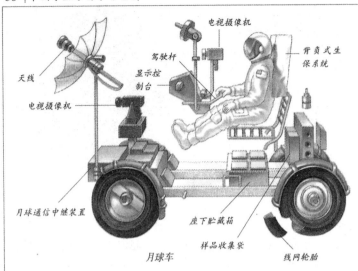

天线

电视摄像机

月球通信中继装置

显示控制台

驾驶杆

电视摄像机

背负式生保系统

座下贮藏箱

样品收集袋

线网轮胎

月球车

月球车
月面探测的有力助手

　　月球车，又叫作月球机器人，是对月球进行考察、分析、取样的专用车辆，分为无人遥控和有人驾驶两种，一般装有遥测系统、电视摄像系统等，主要用途是帮助人类探测月球表面。1970年11月17日，苏联研制的无人驾驶月球车1号由月球17号探测器送上月面，这是航天史上第一辆月球车。早在神舟5号的发射成功前，我国就一直在进行月球车的研制，我国研究的重点主要在制造无人遥控月球车上面。

月球基地
航天事业的又一个设想

　　月球基地现在还只是一个设想。在不远的将来，月球作为人类探索太空的中转站，可能会建造永久性的太空基地，其上还可以设立天文台，对月球丰富的矿产资源进行合理开采。月球基地可作为进行太阳系探测任务的中继站，或是成为将来太空旅游的目的地。作为离地球最近的星球，月球上的基地也可以成为人类太空移民的第一个实验地点，进行生物栽培试验。基地上将设置先进的通讯设备，保证与地面的正常联系。

人类设想的月球基地

月球天文台
更好的空间观测站

　　由于月球上的空气极其稀薄，透明度高，所以十分适合进行天文观测，因而建立一个一定规模的月球天文台将不再是一个遥远的事情。1972年，阿波罗16号的宇航员在月面上放置了迄今唯一的一个小型天文台——直径7.62厘米的望远镜接驳远紫外照相机和分光仪备用来拍摄地球、光变星云、星团和大麦哲伦星云，在月面上共拍摄了178张照片。随着中国登月计划的加快实施，月球天文台也将提到日程上来。

人造月球
无污染的光明使者

　　所谓的人造月球，又叫太空反射镜，是利用反射的阳光，对地球某些特定的区域进行补光的人造小天体。最早由俄罗斯天文工作者实施这一计划，试图解决俄罗斯高纬度地区的照明问题。此外，太空反射镜还可以用来照亮发生地震或洪水等自然灾害的地区，使救援工作在夜间也能进行。人造月球为人类带来光明的同时，不会产生二氧化碳之类的污染物，所以它称得上是一种环保型能源。但到现在还没有试验成功。日本也正在积极开展该项计划。

"嫦娥工程"

中国人的登月梦想

"嫦娥工程"是我国月球探测计划的代号。该计划分为"绕、落、回"三个阶段。2004年3月，一期绕月工程(即"绕")露面，该工程计划在2007年以前发射嫦娥1号卫星，围绕月球飞行；"落"就是发射月球软着陆器，试验月球软着陆和月球车巡视勘察，就地对月球进行探测，并开展月球天文观测等；"回"就是不仅向月球发射软着陆器，而且发射小型采样返回舱，采集关键性月球样品返回地球。

火箭发射　　地面的指挥中心　　环绕月球飞行的指挥仓　降落在月球的登月小艇

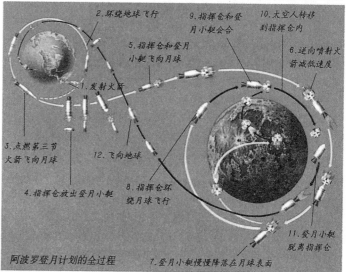

2.环绕地球飞行
9.指挥仓和登月小艇会合
10.太空人转移到指挥仓内
5.指挥仓和登月小艇飞向月球
6.逆向喷射火箭减低速度
1.发射火箭
3.点燃第三节火箭飞向月球
12.飞向地球
4.指挥仓放出登月小艇
8.指挥仓环绕月球飞行
11.登月小艇脱离指挥仓
阿波罗登月计划的全过程
7.登月小艇慢慢降落在月球表面

·DIY 实验室·

实验1：地月系的运动

准备材料：1个直径约1厘米的打孔珠子、1个充满沙土的沙包、1段尼龙绳

实验步骤：将尼龙绳的一端栓紧沙包；将尼龙绳的另一端穿过珠子的小孔，再打结栓紧；找一个没人的空旷地方，比如操场，手持小珠子在头顶上甩动，加速到一定程度后，松手向前甩去，仔细观察。

原理说明：沙包带着珠子一起向前飞行，同时由于沙包较重，珠子较轻，珠子被沙包"吸引"着绕沙包转动，同时沙包也被牵动，二者螺旋式前进。同理，月球由于受到地球的引力，在地球围绕太阳公转的轨道上，围绕着地球公转，并对地球产生一股吸引力，引起潮汐现象。

实验2：月相的变化

准备材料：1个100瓦的白炽灯、1个大橘子、1根筷子、1支铅笔、1张纸

实验步骤：将电灯装在屋子中央的顶棚上(注意安全)，天黑后打开这个唯一的电灯；将筷子插进橘子，让你的朋友手举着围绕电灯转一圈，每走一定的角度就停一下；在朋友转圈的时候，你站在远离朋友的位置不动，注意观察橘子，在纸上记录下橘子的阴暗部和亮部的形状。

原理说明：随着橘子的移动，你会看到橘子的阴影也在不断的变化，由无到有、由少到多，再由多到少、由有到无。同理，相对于"静止的"太阳，移动的月球也会呈现出不同的月相。

·智慧方舟·

填空：

1. 月球的体积是地球的_____，质量是地球的_____。

2. 月岩中没有_____物质，但是富含_____元素。

3. 1996年,宇宙飞船在月球的_____发现可能有冰。

4. 月陆平均比月海高_____米。

7. 哥白尼环形山的直径是_____米。

5. 朔望月比恒星月长_____日。

6. _____是第一个实现人类登月梦想的宇宙飞船。

选择：

1. 月表富含哪种地面上稀缺的元素？
A.氢 B.铁 C.氧 D.氮

2. 月全食时月球会呈现出的颜色是？
A.灰色 B.红色 C.古铜色 D.黑褐色

类地行星

·探索与思考·

火星上的河流

1. 准备一个平整的木板，另外准备一些沙土，先将沙土用一些水打湿，然后将沙土平摊在木板上；

2. 将摊好沙土的木板斜靠在墙上，使之与地面成大约30°角；

3. 取一个装了水的浇花水壶，对准依靠在墙壁上的木板浇水，注意掌握浇水量。你会发现，沙土上逐渐出现了一些小的沟槽，这些沟槽逐渐变大。

想一想 为什么火星上有许多干涸的谷地？

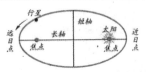

第一定律(1609年发表) 行星公转的轨道是椭圆形，太阳的位置在其中一个焦点上。椭圆中心点到焦点的距离(焦距)与长轴(半长径)的比值称为离心率，圆的离心率为0。离心率越大，表示椭圆形的形状越扁。

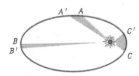

第二定律(1609年发表) 行星和太阳的连线，在相同的时间内扫过相等的面积。所以行星与太阳的距离近时，运行的速度快；距离远时，运行的速度慢。

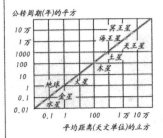

第三定律(1619年发表) 行星公转周期的平方与行星离太阳的平均距离的立方成正比。因此，距离太阳越远的行星，公转的速度越慢。

开普勒定律

太阳系行星分为两大类：类地行星和类木行星。类地行星是以硅酸盐石作为主要成分的行星。它们跟类木行星有很大的分别，因为那些气体行星主要是由氢、氦、和水等组成，而不一定有固体的表面。类地行星的结构大致相同：都有一个主要是铁的金属中心，外层则被硅酸盐地幔所包围。它们的表面一般都有峡谷、陨石坑和山。太阳系有四个类地大行星：水星、金星、地球与火星。当中只有地球有活跃的水界。

行星的轨道
变化着的椭圆

行星的轨道是行星围绕太阳公转的路线，基本都呈椭圆形，而且基本都处于一个平面上，冥王星是一个例外，它的轨道非常扁，与其他行星轨道面有一个夹角。行星的轨道越小，行星表面受到的作用力就越大，密度也就越大。受太阳的作用力，所有的行星轨道都在压缩。行星的轨道越小，轨道压缩的速度就越快。

九大行星的大小比较

开普勒定律
行星运动的定则

开普勒定律是开普勒发现的关于行星运动的定律，分为三个方面。开普勒第一定律（椭圆定律）：每一行星沿一个椭圆轨道环绕太阳，而太阳则处在椭圆的一个焦点中。开普勒第二定律（面积定律）：从太阳到行星所连接的直线在相等时间内扫过同等的面积。开普勒第三定律（调和定律）：行星绕日一圈时间的平方和行星各自离日的平均距离的立方成正比。

开普勒

约翰内斯·开普勒 (1571~1630)，德国天文学家，开普勒定律的发现者。

开普勒

他根据第谷生前观察和搜集的天文资料编制星表，并联系这项工作进行他自己对行星轨道的研究。他先后发现了行星运动的三条定律。这就是后来被称为"开普勒定律"的行星三大定律。定律说明了行星围绕太阳转动的理论。开普勒也是近代光学的奠基者，对透镜的研究成就巨大。

内行星的视运动
顺行和逆行的转换

类地行星中因水星和金星都处于地球内侧，故叫内行星。其视线运动因为地球本身不停地转动，会让人觉得它们的运动复杂且难解，这种看起来很复杂的运动，即称为内行星的视运动。内行星的视运动是以太阳为中心，内行星在一定的角度内往东或西侧运动。其中自西往东运行称为顺行，自东往西则称为逆行。从顺行转为逆行或由逆行转到顺行，都叫做留。另外，离太阳东侧最远时称为东大距；离西侧最远时则称西大距。

水星　金星　地球　火星

类地行星

行星探测器
探索行星的工具

行星探测器是进行行星际探索的工具。行星探测器是利用火箭发射的自动化飞船，大小如汽车一般。借由飞船上的仪器使其在预定目标处进行探测研究，让人类有机会进一步靠近行星、卫星、彗星，甚至是小行星，更加了解太阳系。探测器可以飞越、绕行或登陆目标行星。有些探测器可以执行多目标多功能的探测活动。一般飞越探测器都在距离目标数千千米处，一面飞行一面进行研究。

万有引力定律
近代天体力学的基础

万有引力定律是牛顿力学的重要组成部分之一。其内容是"万有引力是存在于任何物体之间的一种吸引力。万有引力定律表明，两个质点之间万有引力的大小，与它们质量的乘积成正比，与它们距离的平方成反比。"在定律中物体是由基本粒子构成的，构成物体的基本粒子就有基本粒子的数量及排列方式、位置共同存在的事实。万有引力定律的基础是开普勒的三大定律，它为近代的天体物理的研究提供了理论依据。

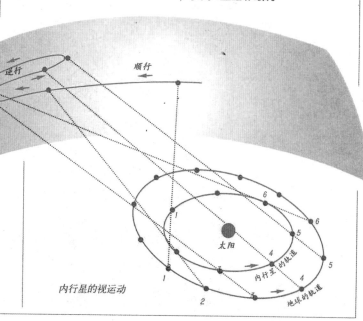

内行星的视运动

壳由硅酸盐组成　幔　核

水星的构造

水星的表面形貌
古老的陨坑地形

水星在很多方面都很像月球：表面布满撞击坑洞且非常古老，也没有板块运动。水星表面有一些巨大的断崖，最长可达数百千米，落差最高可达3千米。这些断崖是由于水星早期的表面收缩作用而造成的。水星也有一些比较平坦的地方，有些可能是早期的火山活动所造成的，但也有一些可能是被撞击坑洞的喷出物填平的。在雷达对水星北极区的观测中，发现在一些坑洞的阴影处有水冰存在的证据。

水星的温度
分布不均的表面温度

因距离太阳非常近，水星表面的平均温度为167℃。水星赤道受到太阳的强烈照射，白天最高温度可达430℃，但是在极地附近，由于太阳光的入射角度接近于地平线，所以在像圆坑般的洼地底部，就会成为一年到头都没有日光照射的"永久阴影"。根据计算，永久阴影的表面温度约为−210℃。

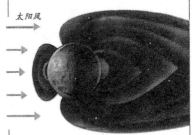
太阳风
水星的磁场

水星的构造
高密度的天体

水星的平均密度为5.43g/cm³，它是九大行星中密度第二大的，仅次于地球。水星的高密度铁质核心占全星体的比例比地球的还大，因而它只有很薄的地幔和岩石外壳。据推算估计其铁质核心半径达1 800～1 900千米，而其地幔和地壳加起来只有500～600千米薄。此外，有一部分的铁质核心可能是液态的。水星只有非常微薄的大气，是由太阳风自其表面吹袭出来的原子所组成，因为水星很热，这些原子很快就会逸散到太空去，因此，水星的大气是不断新生的。

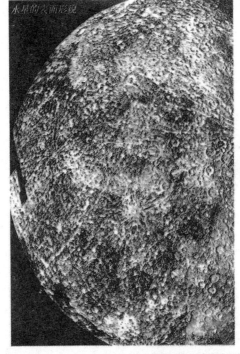
水星的表面形貌

水星与爱因斯坦

水星围绕太阳的缓慢岁差不能完全地被牛顿经典力学所解释，以致于很多人用设想的另外一个更靠近太阳的行星来解释这一现象，这称为"水星近日点进动"。1916年爱因斯坦认为小天体非常靠近巨大天体时，会发生偏离。1919年，天文学家在一次日全食的观测中，证明了爱因斯坦理论的科学性。

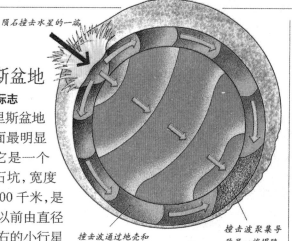

隕石撞击水星的一端

卡洛里斯盆地
水星表面的标志

卡洛里斯盆地是水星表面最明显的标志。它是一个巨大的陨石坑，宽度大约为 1 300 千米，是在 36 亿年以前由直径 100 千米左右的小行星撞击所形成的，由于这种大型撞击所产生的冲击波传播到水星内部，在里侧造成了复杂的凹凸地形。盆地的里面还有一些小陨坑，天文学家认为那是晚些时候，新的流星给水星表面留下的印记。观测还发现至少水星的表面在物质性上不是均质的，而是已进化到具有层伏的构造。

撞击波通过地壳和地心传遍全水星

撞击波聚集导致另一端塌陷

卡洛里斯盆地形成的示意图

水星的公转与自转
太阳系的飞毛腿

水星有一个偏心率很高的公转轨道，它的近日点距太阳只有 4.6×10^7 千米，但远日点却有 7×10^7 千米。水星公转为 88 个地球日，自转为 59 个地球日，它每公转 2 周会自转 3 圈，这就造成在水星上的某些经度会看到太阳升起，然后在太阳慢慢升到天顶的过程中，看起来会越来越大，到了天顶，太阳会停下来，然后倒退，再停下来，然后恢复前进直到落下，在这段过程中太阳看起来又会越来越小。

水星凌日
美妙的"水日食"

水星凌日是一种天文现象。当水星运行至地球和太阳之间，如果三者能够连成直线，便会产生水星凌日现象。和日食不同的是水星比月球离地球远，视直径仅为太阳的一百九十万分之一。水星挡住太阳的面积太小了，不足以使太阳亮度减弱，所以只能通过望远镜进行投影观测。观测时会发现一黑色小圆点横向穿过太阳圆面，黑色小圆点就是水星的投影。水星凌日发生在 5 月初或 11 月初，平均每 100 年出现 13 次。

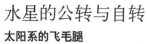

地球

水星

地球

金星

水手 10 号的航程

水手 10 号
探测水星的先驱

水手 10 号是第一个到过水星的太空探测器。美国的水手 10 号探测器曾从 1974 年起到第二年为止三次接近水星，对水星进行了拍摄。当时拍摄的领域只有半个球体部分，因而难以了解水星的整体面貌。水手 10 号将拍摄到的水星表面的细部影像以电波的形式传回给地球，地面上的天文工作者用电脑对其加工处理，形成大家现在经常见到的水星的细部影像。另外，水手 10 号还探测到水星有微弱的电磁场。

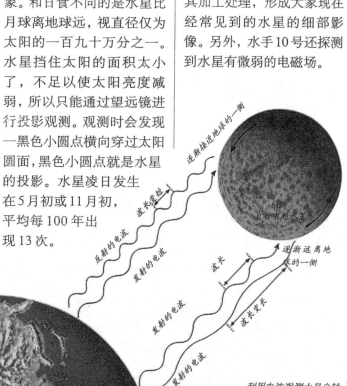

逐渐接近地球的一侧

自转中的水星

逐渐远离地球的一侧

反射的电波

波长变短

发射的电波

波长

波长变长

发射的电波

地球

发射的电波

利用电波观测水星自转

金星的结构

没有板块的"地球"

金星的内部可能很像地球：有一个半径约3 000千米的铁质核心，岩石地幔则占金星体积的大部分，而且麦哲伦号的最新重力探测资料显示，金星的地壳比以往猜测的结果更坚厚。如同地球一般，金星地幔有热对流，会对地表的岩石产生压力，但因为它们分散在许多较小的区域，所以不会像地球一样因热对流很集中而形成板块边界。金星没有磁场，这或许是因为它的自转速度太慢所致。它也没有卫星。

金星的结构

金星的表面地形

年轻活跃的地面

金星的表面很年轻，现今的地形不过是5亿年前才形成，这样的岩质地貌由密集的火山活动所造成，而且至今仍持续进行。火山高原广布在金星表面，最宽广的高地是阿芙罗黛第，上面有数座大型火山，例如玛亚特山。金星的地形大部分都是略有起伏的平地，有一些低平的洼地；有两个高地区域，分别是伊什达高地和阿芙罗黛第高地，伊什达高地主要是由拉科什米高原构成，其四周被全金星最高的山环绕，包括巨大的麦斯威尔山脉。

金星玛亚特山附近的地形

金星的轨道

标准的圆圈

金星的公转轨道是太阳系所有行星中最接近正圆的，其偏心率不到1%。金星公转的轨道比地球更接近太阳，所以金星有时从太阳与地球之间通过，会因太阳强光而无法看到。金星在天空距离太阳最远时，看起来最亮。金星的自转速度异常的慢，一个金星日相当于地球的243天，这比金星的一年(225地球日)还长一点，而且其自转方向是逆向的。此外，金星的自转与公转周期是同步的。

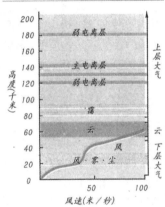

金星上的风速

金星的大气

高温高压的大气

金星的大气层很厚，95%为二氧化碳，氮约占2%～4%，氧气的含量不到0.003%。金星的大气压力，约为地球大气压力的90倍，表面温度高达480℃，足可以熔化铅。但微波可穿透金星大气层，分辨金星的表面。

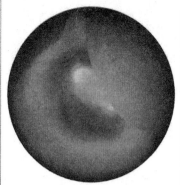

红外线照片中金星北极的云层

金星上的云
飞速移动的大气层

有大气就必然会有云的存在。太阳的热驱动金星的云层移动。赤道附近的空气因太阳加热而上升，向两极较冷的区域移动，冷却后下沉至较低云层，重返赤道区，然后再重复这样的过程。金星大气移动快速，以紫外线拍摄的云顶影像显示，云层由东向西移动，约四天绕金星一周。云层移动方向与自转方向相同，但速度是自转的60倍，最高时速350千米。底层大气移动速度较慢，金星表面风速只有每小时10千米。

金星凌日
循环出现的天象

与水星一样，金星也是内行星。因此，当金星运行到太阳和地球之间时，我们可以看到在太阳表面有一个小黑点慢慢穿过，这种天象称之为"金星凌日"。天文学中，往往把相隔时间最短的两次"金星凌日"现象分为一组。这种现象的出现规律通常是8年、121.5年、8年、105.5年，以此循环。这主要是由于金星围绕太阳运转13圈后，正好与围绕太阳运转8圈的地球再次互相靠近，并处于地球与太阳之间，这段时间相当于地球上的8年。

金星上的温室效应
寸草不生的气候

金星表面的大气压力高达90个大气压，相当于地球海洋中1千米深处的压力，主要成分是二氧化碳，由数层数千米厚的硫酸云紧紧包覆着，使得在金星之外无法窥见其表面的任何部分。这样的大气产生了强烈的温室效应，使得金星表面温度始终维持在480℃以上的高温，生物无法生存。

火星的构造

火星
战神之星

火星是太阳系九大行星之一，是类地行星中距离太阳最远的一颗，位于地球和小行星带之间，它的外观呈现出火红色，因而非常引人注目。由于其在天空中的移动角速度较快，位置不定，亮度时有变化，中国古代称之为"荧惑"，在五行中是火的代表，故称之为火星。在西方，因为它的颜色发红，古希腊和古罗马都用战神的名字命名它。火星的内部结构与地球相似，都有壳、幔和核，但由于数据不完全，火星核的组成和大小仍然未能确定。有人认为火星核应为固态铁核。火星有两颗小型天然卫星：火卫一和火卫二。

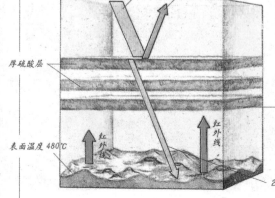

温室效应

火星的表面
太阳系里罕见的特大地貌

火星的表面砂砾遍地，十分荒凉沉寂，遍布遭陨星袭击后因撞击形成的坑坑洼洼。它最引人注目的地形特征是干涸的河床。它们多达数千条，长度从数百千米到10 000千米以上，宽度也可达几千米到几十千米，蜿蜒曲折，纵横交错。它们主要集中在火星的赤道区域附近。这使科学家们认为，火星上曾经有过大量的水。像水手谷和奥林匹斯火山这样的特大地貌，在整个太阳系里都是非常罕见的。火星两极有白色极冠。

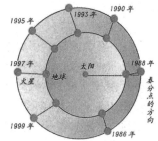

火星公转时与地球的最大距离和最小距离。

火星的卫星
两个速度不一的小不点

火星的两个卫星，分别称为火卫一和火卫二。火卫一与火星中心的距离为9 450千米，绕火星转一周为7小时39分。从火星上看火卫一，它就在火星的赤道上空运行，从西边升起，东边下落，而且移动很快，每天要西升东落两次。火卫二离火星中心大约有23 500千米，公转周期是30.3小时。

火星上的"运河"

这只是一个天文玩笑。1877年，意大利的斯基亚帕雷利观测到火星上密布着有规则的线条，认为那是"运河"，这成了当时轰动世界的新闻。20世纪，瑞士人马辛·比辛夫分析了一些火星的照片后说，在这个红色星球的表面，开凿了纵横交错的运河，河里还挤满了无数的鱼类。后经两个海盗号探测器在火星表面上进行的预定的考察和实验证实，确认"火星运河"原来不过是一些环形山和陨石坑的偶然排列以及一些较大的峡谷。

火星大气
稀薄而强烈的大尘暴

火星大气非常稀薄，二氧化碳占了96%，有少量的水气和氧。表面气压相当于地球30～40千米高空的气压。温差很大，火星赤道中午时可达20℃，两极处在漫长的极夜里，最低−140℃。火星上有云，分为干冰云、水冰云、尘埃云。大尘暴是火星大气中独有的现象，几乎在每个火星年里都要发生一次，火星中因大气的存在也有四季变化。

高空俯看奥林匹斯山。

奥林匹斯山
太阳系中的大个子

奥林匹斯山高达20多千米，是太阳系中最高大的山脉，是一个盾形火山，跟夏威夷群岛上的火山相似。在山峰上，有一个多陨石坑的火山口，其直径达80千米。奥林匹斯山的山坡由几十亿年的巨大熔岩流形成，它的倾斜度有4°。阿尔西亚山尽管没奥林匹斯山那么高，但它的顶峰还要宽大些，直径几乎有140千米。火星的另外一个阿耳巴火山尽管只有几千米高，但它的底部直径达1 600千米。

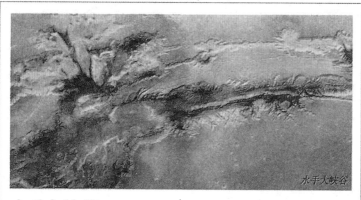

水手大峡谷

两极的冰冠
夏消冬长的帽子

火星有少量的水，大部分形成火星两极冰冠的一部分。水手9号的红外线辐射计实测出在火星赤道上中午的气温可高至17℃，在火星两极地区子夜可低至 −140℃。在远日点，即火星距太阳最远时，火星的南半球是冬季。火星上南半球的冬季比北半球的冬季要冷。南半球冬季的冰冠一直伸展至南纬55°，北半球冬季的冰冠只会伸展至北纬约65°。

水手大峡谷
火星表面的"运河"

水手大峡谷是一个山谷系，是火星坚硬表面断裂造成的，峡谷规模之大极为罕见，仅次于地球上的东非大裂谷。它们的垂直深度达7千米，宽度约200千米，能容纳100千米宽的大滑坡。与地球上峡谷不同的是，水手大峡谷不是由于河水的长期侵蚀作用造成的，它们是在风和尘埃的应力作用下经过几十亿年的拓展而形成的。

火星干燥的表面

火星大风暴

·DIY 实验室·

实验：内行星的视运动

准备材料：约上两个同伴，找3个大小不同的球、粉笔。

实验步骤：用粉笔在地上画上两个较大的椭圆，其中一个椭圆在另一个内侧；让一个同伴拿着最大的球站在内侧椭圆里，代表太阳；另一个同伴拿着最小的球站在内侧椭圆线上，代表火星；你拿着剩下的球站在外侧椭圆线上，代表地球；太阳在原地不动，火星一边自转，一面沿着椭圆轨道转动；地球一边以和火星相近的速度自转，一边以快于火星两倍的速度沿外侧椭圆轨道转动，并记录下面向火星时火星的状态。

原理说明：当每次观察火星时都会发现火星处于不同的状态之下，让人觉得火星的运动复杂且难解，这种运动称为内行星的视运动。

·智慧方舟·

填空：

1._____发现了行星运动的三大定律。

2._____创立了万有引力理论，奠定了近代天体力学的基础。

3.太阳系最高的山是_____。

选择：

1.太阳系中密度最大的行星是？

A.火星　B.金星　C.水星　D.地球

2.金星上的大气压是地球大气压的多少倍？

A.70倍　B.900倍　C.190倍　D.90倍

类木行星

土星的光环

1. 晚上，关掉灯，将手电筒放在高出打开，戴上口罩；

2. 取少量爽身粉倒进塑料瓶子里，然后对着手电筒的光束，一边迅速地挤压瓶子，一边甩动瓶子，注意观察光束中的现象；

3. 将一些冰屑放入塑料瓶中，一边迅速地挤压瓶子，一边甩动瓶子，使冰屑从光束中穿过，注意观察；

4. 将冰和水一起放入塑料瓶中，将其喷向光束，观察发生的现象。

想一想 为什么土星的光环如此明亮？

类木行星都是体积十分巨大的行星，成员包括有木星、土星、天王星、海王星，其中以木星为代表，故称作类木行星。它们体积大、质量大，但是密度小，具有浓密的大气。平均密度约1.75g/cm³，土星的密度约为0.7g/cm³，木星质量约为地球的318倍。由内而外，中心有岩石核心、液态金属氢、液态分子氢、充满气体的大气层，表面有旋涡状的云层，不具有岩石外壳。另有行星环及为数众多的卫星环绕着。冥王星的结构比较奇怪，是个神秘的特例。

木星的内部结构

庞大的气体球

与类地行星不同，木星的表面不是由岩石构成的，空间探测器探测表明，它没有固体外壳，在浓密的大气之下是液态氢组成的海洋，成分与太阳相似。木星的内部是高温高压下的液态氢和氦，由于压力越大温度越高，距云顶2万千米的最深内层液态的氢和氦具有了金属的某种特性，中心则可能是由铁和硅构成的，估计固体核温度高达30 000℃，固体核的质量应该是地球质量的十几倍。但木星大气的平均温度约为 −140℃。

木星

行星之王

木星是太阳系中最大的行星，其轨道位于火星和天王星的轨道之间。木星的亮度很高，夜空中视觉亮度仅次于金星。中国古代用它来定岁纪年，因此它又叫"岁星"。古希腊天文学家称木星为众神之王宙斯，后称为"朱庇特"，即罗马神话中的众神之王。木星有着突出的特点，它质量大、体积大，它的质量是地球的1 316倍，是太阳系中其他八颗行星加在一起的2.5倍。自转速度却是太阳系中最快的，自转周期不到10个小时。

木星外层大气

金属氢层

岩石和金属组成的内核

木星的内部结构

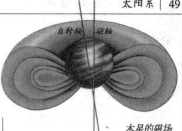

木星的磁场

木星的光环
神秘的"指环"

木星有光环，其光环主要由小石块和雪团等物质组成。木星的光环很难观测到，它没有土星那么显著壮观，但也可以分成四圈。木星环约有6 500千米宽，但厚度不到10千米。科学家相信，木星的环由岩石(硅酸盐)组成，它们会在10万年内跌进木星，但可由卫星和其上火山喷出的石块补充，以七小时的周期围绕木星高速旋转。每个石块的直径从数十米到数百米不等。木星环的外缘距离木星中心约12.8万千米。

木星的自转
太阳系行星中最快的旋转

木星的自转速度相当快，每9小时50分钟左右就自转一周。如此庞大的身躯做这样快速的旋转，木星因而呈现明显的扁圆形状，两极下陷，赤道鼓起，两极间的距离是赤道直径的97%，用小天文望远镜就可以看得出来。木星上各个部分旋转的角速度并不一致，赤道快于两极，这表明它不可能有固体外壳。由于其自转速度非常快，因而其表面的云层图案变化也十分快，呈现出旋涡状。

木星的自转

木星的磁场
强大的"泪珠"

木星上的磁场很强，表面的磁场强度大约是地球的20倍。天文物理学家认为，那是木星内部快速自转的金属氢内的电流造成的。木星磁场的方向与地球磁场的方向正好相反，地球上的指南针到了木星上所指的方向是北方。距木星$1 400 \sim 7 \times 10^6$千米的广大空间均为木星的磁场，已超过土星的轨道，比地球磁层大得多，证实木星上有极光。木星磁场异常强大，甚至捕获了其卫星辐射出的中子。木星的磁场在太阳风的作用下变成泪珠状。

木星的大气
复杂多变的天气

木星是一个巨大的气态行星，主要成分为氢和氦。最外层是一层主要由分子氢构成的浓厚大气，随着深度的增加，氢逐渐转变为液态。在离木星大气云顶10 000千米处，液态氢在100万巴(1巴=100千帕)的高压和6 000℃的高温下成为液态金属氢。由于木星快速的自转，它有一个复杂多变的天气系统，木星云层每时每刻都在变化。由于木星的大气运动剧烈，致使木星上也有高空闪电。

大红斑
木星的"眼睛"

大红斑是木星上最大的风暴气旋，它早在300多年前就已被观察到了。大红斑是个长25 000千米，上下跨度12 000千米的椭圆，足以容纳两个地球。每六个地球日按逆时针方向旋转一周，经常卷起高达8千米的云塔。其他较小一些的斑点也已在数十年前被观察到了。红外线的观察加上对它自转趋势的推导显示，大红斑是一个高压区，那里的云层顶端比周围地区高出许多，温度也比较低。

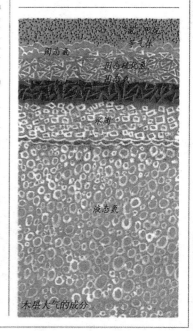

木星大气的成分

带状条纹

色彩斑斓的云层

　　带状条纹是木星表面大气运动的外部特征之一。用望远镜就可以看到木星大气层中明暗相间的条纹。其中色彩鲜艳的亮区叫作带，是气体吸收木星内部沸腾的氢和氦传输的热量后向上运动的区域；而暗的区域叫作带纹，是气体变冷后下降时形成的区域。这些运动是由木星各纬度的自转速度不同而引起的气旋和风暴。据有些天文学家推测，带纹的各种变化着的颜色可能是由该地区富含大量的硫或者有机物所致。

地球只有大红斑的一半大。

白卵

白色的风暴

　　白卵也是木星表面的风暴气旋，规模之大，仅次于大红斑。与大红斑的颜色不同，白卵的颜色，顾名思义，基本是白色的，也有淡蓝色的，其规模较大红斑小。在白卵气旋的中心，气体迅速上升，气旋的周边气体则向下沉，形成对流交换的形式。另外，白卵因为个体相对较小，所以数目比较多，而且大小不一，经常会有两个以上的白卵合并成一个大白卵的情况。

木星的卫星

数目众多的"情人"

　　木星的卫星分成三群。按西方传说，木星的卫星都是宙斯的情人。其中最靠近木星的一群——木卫五和四个伽利略卫星都在木星的赤道面上沿圆形轨道顺行，是规则卫星；其余的卫星都是不规则卫星，但又可分为两群。离木星稍远的一群卫星——木卫六、木卫十等顺行，离木星最远的一群——木卫九、木卫十二等都是逆行卫星。木星的卫星数目在不断地增加，有报导称木星现在的卫星已达48个。

大红斑（图上方）和白卵（图右下方）

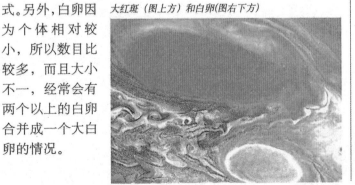

伽利略

伽利略卫星

伽利略的发现

　　木星的卫星中，木卫一、木卫二、木卫三、木卫四是意大利天文学家伽利略在1610年用自制的望远镜发现的，这四个卫星后被称为伽利略卫星。四个伽利略卫星的密度随着同木星的距离的增大而减小。由于伽利略卫星产生的引潮力，使得木星的自转逐渐减缓，同时这些卫星也受引潮力的影响而渐渐地远离木星。其中木卫一、木卫二与木卫三的公转周期已被引潮力给锁定成1：2：4的共振状态，而再过个几亿年，木卫四也会被锁定为共振状态。

木星卫星的星象
丰富的天象变化

木星在太阳照射下，背太阳方向有一影锥，当木星卫星进入影锥时，卫星无法反射太阳光，变得不可见了，称为木卫食。当木星的卫星进入木星圆面的后面，我们从地球上观测木星卫星的视线便被木星挡住，称为木卫掩。木星的卫星通过木星圆面的前面，从地球看去，在木星视圆面上投下一个圆形斑点，称为木卫凌木。当木星某一卫星的影子投在木星视圆面上而它本身又不在木星视圆面上时，称为木卫影凌木。

伽利略制作的第一架天文望远镜

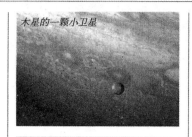

木星的一颗小卫星

木星的内卫星
共振状态下的木星卫星

木星的内卫星指的是在伽利略卫星轨道以内的卫星。它们的公转轨道面都与木星赤道面相当贴近。它们是木卫五、木卫十四、木卫十五和木卫十六。木卫五是是木星的第五大卫星，是太阳系中最红的星体。它的公转也已达共振状态，且长轴总是对着木星。木卫十四面向木星的一面有 3～4 个大坑洞。木卫十五是太阳系中最小的卫星之一，木卫十六和木卫十五的轨道位于共振轨道半径与所谓的洛希极限范围之内。

洛希极限

行星对它周围的小天体有很大的吸引力。当这些小天体离行星很近时，潮汐作用会使小天体的形状变成细长的椭圆。当距离达到一定程度时，潮汐作用会将小天体瓦解掉。这个极限值就称为洛希极限。它是由法国天文学家洛希最早求得，故而得名。洛希极限"因星而异"。就木星而言，它的洛希极限大体上是它半径的2.7倍，约190 000千米。它在彗木相撞事件中得到了很好的证明。

木卫一
太阳系中最红的星体

木卫一(伊奥)比月球略大一点，组成上更接近类地行星，主要是硅酸盐类熔岩。它有一个至少900千米半径的铁核，也可能混有硫化铁。木卫一的表面非常年轻，有数百个火山口，其中还有活火山。木卫一表面的平均温度约为−143℃，但有些特别热的热点可高达1 227℃，这些热点是木卫一发散热量的主要机制。木卫一可能拥有自己的磁场。木卫一有稀薄大气，主要成分是二氧化硫，也可能还含有其他气体，没什么水或根本不含水。

木卫二
有水的卫星

木卫二(欧罗巴)比月球略小一点。它主要由硅酸盐类岩石质组成，但它表面还有一薄层的水冰。木卫二有着非常平坦的表面，影像中的一些突出物可能只是反照率差异或是一些低矮的地形起伏而已，撞击坑极少。木卫二的表面很像是地球上的海冰，因此可能在它的表冰之下有液态水，也许可深达50千米。在其表面上最显著的特征就是全球都布满了一连串的暗纹，最新的解释是由一连串的火山或喷泉所造成。木卫二有极稀薄的大气，由氧气组成。

土星

木卫三

太阳系中最大的卫星

木卫三(加尼美得)是太阳系中最大的卫星,比水星还大但质量约仅及其一半。木卫三有一个铁质或硫化铁的小核,其外是硅酸盐类熔岩,最外壳是冰。木卫三的表面混杂着两种地区:一种是很老、多坑洞的暗区;另一种是稍年轻的、有沟脊罗列的亮区。它的坑洞平坦多了,不像月面或水星表面的坑洞具有环脊及中心凹陷。木卫三有极稀薄的大气,由氧气组成,其来源也同样是非生物性的。木卫三还有磁场。

木卫四

坑洞拥有最密集的表面

木卫四(卡利斯托)只比水星小一点,但质量仅及其三分之一。木卫四的内部组成是渐变的,越往核心岩石的比例越高,整体而言,冰占40%,而岩石和铁质占60%。木卫四拥有太阳系目前已知最老、坑洞最密的表面。虽然大小相近,木卫四的地质史要比木卫三简单得多。它有极为稀薄的二氧化碳大气。

土星

光环之星

土星也是九大行星之一。与木星一样,土星也是一个巨型气体行星,是太阳系中仅次于木星的第二大行星。土星的名字是以罗马神话中的农神萨杜恩命名的。土星的赤道直径约120 500千米,约为地球的9.5倍,体积约为地球的745倍。土星的主要成分是氢和氦,但密度只有水的70%。土星的自转速度非常快,仅次于木星,因此赤道附近的离心力很大,使得土星的形状变成扁圆形。土星的云层平均温度为 −125℃。

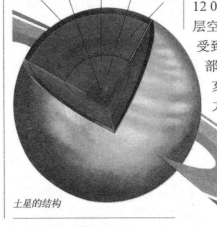

大气层　核　金属氢　冰　　分子氢

卡西尼环缝

土星的结构

土星的结构

超强的磁场结构

土星可能有一个岩石与冰构成的小核心,周围是金属氢(液态氢,性质如同金属)构成的内地幔。在内地幔的外面是由液态氢构成的外地幔及熔合成为气态的大气层。土星的磁场约为地球的600倍。地幔占土星半径的60%,其活动使得土星产生巨大的磁场。土星的内核非常热,核心温度达到12 000℃,而且它放射到外层空间的能量比它从太阳接受到的能量多。据推测,大部分能量是因为开尔文－亥姆霍兹原理(缓慢的重力压缩)而产生的。

木星的四颗卫星

木卫三

木卫四

木卫一

木卫二

土星的大气
多风的大气层

土星的大气层外观有一个与木星类似的条纹式样，但土星的条纹非常模糊，并且在赤道的附近，条纹变得非常宽。土星有着类似木星的长期椭圆斑和其他特征。土星的外层云层，由于稀薄而显得较模糊。土星是太阳系中风较大的一颗行星，土星上的风速最快可达每小时1 700千米以上。土星风暴在其南北半球都有，但最强烈的风暴还是出现在赤道附近。风暴和旋涡发生在云中，看起来为红色或白色椭圆。

土星的环
土星美丽的"大帽子"

土星外观的最大特征是环绕于赤道上空的环。土星环的主要部分是在离云顶7 000～74 000千米宽的带状区域上，这个环又分成几个环，这些环都有各自的自转周期，而且还可进一步细分成数千条宽度更狭窄的同心圆状环。在B环与其外侧的A环之间有个黑暗空隙，这个空隙以其发现者的名字命名为卡西尼环缝。土星环是由冰粒构成的，这些冰粒的大小落差很大。土星的光环特别薄，最多只有1.5千米厚。

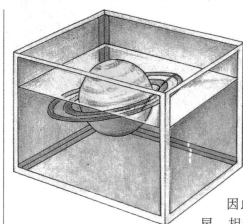

土星的平均密度比较小，如果有一个巨大的水箱，把土星放进去，它会漂在上面。

土星的卫星
冰层覆盖下的众天体

土星拥有许多卫星，至目前为止所发现的卫星数已超过30个。其中，有11个是直径在300千米以下的小卫星，有6个是直径在400～1 500千米之间的中型卫星，剩下的1个是直径5 150千米的土卫六——泰坦大卫星。在土星的卫星当中，最内侧的6个都是小卫星，可能原本是大颗冰天体的碎片，而它们与土星之间彼此有着密切的关系。土星第三大卫星的黑色部分是火山熔岩流入低地。

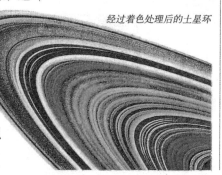

经过着色处理后的土星环

牧羊人卫星
环带的守卫者

"牧羊人卫星"指能给环带以力学影响，保护光环使之不致破裂四散的卫星，其作用像牧羊人管理羊群那般，因此取名为牧羊人卫星。担负这一责任的是土卫十六和土卫十七，二者的希腊文名字分别是普罗米修斯(Prometheus)及潘朵拉(Pamdora)。这两颗卫星分别处于F环的两侧，因这两颗卫星的存在而让F环维持着，并加上卫星的重力作用而形成这种不可思议的缠绕形状。

土卫四
拥有伴星的卫星

土卫四（狄俄涅）是土星8颗大规则卫星之一。它的直径为1 120千米，在平均距离为379 074千米的近圆轨道上绕土星顺行。土卫四也处于共振轨道上，它66小时的公转周期正好是土卫二轨道周期的2倍。土卫四表面亮度差别颇大，面朝轨道运行方向的前半面通常比后半面亮。在它的轨道上还有伴星土卫四B，它超前土卫四60°，位于土卫四与土星的引力平衡点上。而在土卫四B附近还有颗更小的伴星。

土卫六

庞大的类地卫星

土卫六(泰坦)是在1655年由惠更斯发现的,是太阳系中第二大的卫星,直径比水星大,并且比冥王星更大、质量更重。土卫六被一个很圆的不透明大气层所包围,其表面在可见光下根本看不见。它的大气中含有有机物,是除地球之外的又一特例。土卫六是由近一半的冰和一半的岩石物质组成的。它可能被分成许多层,拥有一个直径3 400千米,被许多由多种冰晶体组成的地层环绕的岩石核心。它的内部可能还是热的。土卫六没有磁场。

天王星

躺着公转的行星

天王星是太阳系的九大行星中第三大行星,在土星以外,海王星以内,颜色为海绿色。天王星是由威廉·赫歇耳在1781年3月13日发现的。天王星的轴线几乎平行于黄道面。这一奇特的事实表明天王星两极地区所得到来自太阳的能量比其赤道地区所得到的要高,然而天王星的赤道地区仍比两极地区温度要高。

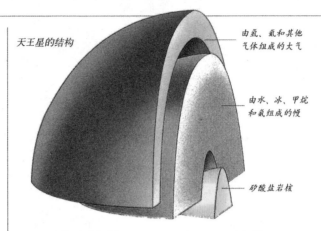

天王星的结构

由氢、氦和其他气体组成的大气

由水、冰、甲烷和氨组成的幔

矽酸盐岩核

天王星

天王星的结构

表里如一的星体

天王星基本上是由岩石和各种冰组成的,它仅含有15%的氢和一些氦(与大多由氢组成的木星和土星相比是较少的)。虽然天王星的内核不像木星和土星那样是由岩石组成的,但它们的物质分布却几乎是相同的。天王星的大气层含有大约83%的氢、15%的氦和2%的甲烷。

如其他气态行星一样,天王星也有带状的云围绕它快速飘动。天王星呈蓝色是其大气层中的甲烷吸收了红光的结果。

天王星的环

巨大而黯淡的光环

像其他所有气态行星一样,天王星也有光环。它们像木星的光环一样暗,但又像土星的光环那样有相当大的直径,由粒子和细小的尘土组成,最外面的第五环的成分大部分是直径为几米到几十米的冰块。另外还可能存在着大量的窄环,它们是一些可能还未成形的环,或许还刚刚开始排列成一个弧形,它们的宽度仅有50米。单独的环的反射率非常低。天王星有11层已知的光环,但都非常黯淡,最亮的那个被称为Epsilon光环。

天王星环局部特写照片

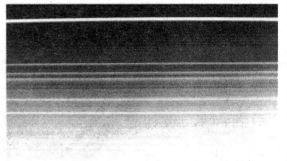

天王星的磁场

多极的螺旋形结构

在天王星的北极区能观测到极光，这意味着天王星拥有磁场。观测结果显示，天王星磁场有多个极，其强度比地球微弱。天王星的倾斜姿态给天王星带来的最让人吃惊的影响是给它的磁场所造成的后果，它的磁场轨迹与其自转轴有60°的夹角，并且没有通过天王星本身中心，而是偏离了7 800千米左右。行星的自转把磁场扭曲成了长长的螺旋形。磁场的成因尚未明确，其内核和大气之间并不存在一个导电的、超高压的海洋。

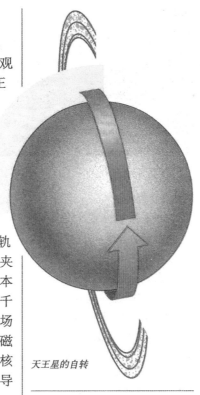

天王星的自转

天王星的卫星

小天体的聚会

天王星的卫星有24颗，最早发现的5颗卫星几乎都在接近天王星的赤道面上，绕天王星转动。因天王星的自转轴倾斜为98°，这5颗卫星都成了逆行卫星。其中，天卫三和天卫四较大，直径分别为1 000千米和1 630千米，其余3颗都比较小，最小的天卫五是1948年美国天文学家柯伊伯发现的。后来天文学家又陆续发现了新的卫星，目前已知的共计有24颗。新发现的卫星都很靠近天王星，但都比较小。

天卫五

有板块运动的卫星

天卫五（米兰达）是天王星五大卫星中最接近天王星和体积最小的一个。天卫五与其他四大天王星卫星一样，由50%水冰、30%岩石、20%碳氮化合物构成。天卫五的半径虽然只有235千米，但它的表面却有平地、陨石坑、沟漕和悬崖等等地形，这表明在天王星过去历史上曾有过大规模的板块活动。它的轨道是椭圆形的，自转与公转周期均为1.413天。平均密度1.201g/cm³。大部分由冰组成，其中或许含有冰冻甲烷和石态物质的混合物。

海王星

笔尖下发现的行星

海王星是环绕太阳运行的第八颗行星，也是太阳系中第四大天体（直径上）。海王星在直径上小于天王星，但质量比它大。在古罗马神话中海王星代表海神（古希腊神话中海神是波塞冬）。海王星的组成成分为各种各样的"冰"和含有15%的氢和少量氦的岩石。海王星或许有明显的内部地质分层，很有可能拥有一个岩石质的小型地核。它的大气多半由氢气和氦气组成，还有少量的甲烷。海王星的蓝色是大气中甲烷吸收了日光中的红光造成的。

海王星

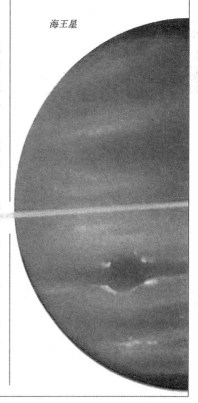

海王星的发现

天王星发现后不久，人们注意到天王星的运动颇为反常，总是偏离天体力学计算的轨道。于是便推测天王星轨道之外可能还存在一颗行星。1845年到1846年，英国的亚当斯和法国的勒维耶这两位年轻人，根据牛顿万有引力和运动定律，分别独立进行了计算，他们反过来从天王星运动的偏差去估计摄动的大小，从而推算出未知行星的位置。依照他们的计算结果，天文学家果然在预报位置附近发现了这颗新行星。

黯淡的海王星环

海王星的环

另类的螺旋

海王星也有光环。在地球上只能观察到黯淡模糊的圆弧，而非完整的光环。同天王星和木星一样，海王星的光环十分黯淡，这些弧完全是由亮块组成的光环，其中的一个光环看上去似乎有奇特的螺旋形结构。人们已命名了海王星的光环：最外面的是亚当斯（它包括三段明显的圆弧，今已分别命名为自由、平等和互助），其次是一个未命名的环有Galatea卫星的弧，然后是Leverrier，最里面黯淡但很宽阔的叫Galle。

海王星大风暴的风速是地球飓风的20多倍。

海王星的风暴

风速最快的气旋

海王星的主要大气成分是氢和氦，是典型的气体行星，大气中有许多气旋和风暴在翻滚。在海王星的南半球有一个醒目的大黑斑，天文学家认为它是强烈的风暴区域。做为典型的气体行星，海王星上呼啸着按带状分布的大风暴或旋风，海王星上的风暴是太阳系中最快的，时速达到2 000千米。

大黑斑

海王星的象征

大黑斑是海王星表面最大的特征，位于南半球。它的大小约是木星大红斑的一半，海王星上的风以300米／秒的速度把它向西吹动。旅行者2号还在南半球发现一个较小的黑斑，它是以大约16小时一周的速度飞驶的不规则的白色烟雾。海王星的大气层变化频繁，大黑斑也在不断地消失和再生。

海卫一

太阳系中唯一存在活火山的卫星

海卫一是被较早发现的海王星卫星。海卫一的一个重要特点就是它表面的活火山。海卫一表面大部分为氮冰，冻结的氮构成的海卫一极冠覆盖了南半球的大部分。海卫一表面温度大约只有−310℃。科学家推测它是由岩石和冰混合而成的天体。探测器发现海卫一上的冰火山正在喷发，喷出的是白色的冰雪团块和黄色的冰氮颗粒。由于海卫一重力不大，这种喷发物可高达32千米，是珠穆朗玛峰高度的四倍。迄今为止，海卫一是已发现的太阳系中第三个存在活火山的天体。

正在喷水的海卫一

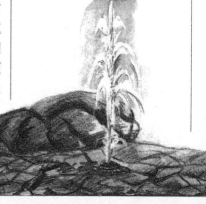

冥王星
神秘的边缘人

冥王星是离太阳最远而且是最小的行星。罗马神话中，冥王星(希腊人称之为Hades哈迪斯)是冥界的首领。这颗行星得到这个名字(而不采纳其他的建议)可能是由于它离太阳太远以致于一直沉默在无尽的黑暗之中，也可能是因为冥王星(pluto)开头的两字母是发现它的人Percival Lowell是缩写。就像天王星那样，冥王星的赤道面与轨道面几乎成直角。冥王星是唯一一颗还没有太空飞行器访问过的行星。

冥王星的构造
未为人知的地圈

目前，尚不清楚冥王星确切的表面温度，但大概在-238℃～-228℃之间。冥王星的成分还不知道，但它的密度大约为$2g/cm^3$，这表明冥王星可能像海卫一一样是由70%岩石和30%冰水混合而成的。地表上光亮的部分可能覆盖着一些固体氮以及少量的固体甲烷和一氧化碳，冥王星表面的黑暗部分的组成还不知道但可能是一些基本的有机物质或是由宇宙射线引发的光化学反应。有关冥王星的大气层的情况知道得还很少。

冥王星和冥卫一的轨道
太阳系最奇异的轨道

冥王星的轨道十分地反常，有时候比海王星离太阳更近，冥王星的公转周期刚好是海王星的1.5倍。它的轨道交角也远离于其他行星。因此尽管冥王星的轨道好像要穿越海王星的轨道，实际上并没有。所以它们永远也不会碰撞。冥王星的自转方向也与大多数其他行星的方向相反。冥王星与冥卫一是独一无二的，因为它们自转是同步的。它们俩保持同一面相对。冥卫一可能是像地球与月球一样，是冥王星与另外一个天体碰撞的产物。

· DIY 实验室 ·

实验：探索木星上的云层反射

准备材料：3小片胶卷、透明胶、3块厚约0.5厘米的浅色玻璃、1个透明玻璃杯

实验步骤：在一个大晴天，先躲在黑屋子里，用透明胶将3块小片胶卷贴在3块玻璃的不同位置上，感光面朝下；然后将3块玻璃叠放在玻璃杯上，再将它们放在太阳光下照射1分钟；再将3块玻璃拿到黑屋子里，将胶卷从玻璃上揭下来，观看它们的颜色，看它们之间的差别。

原理说明：胶卷因叠加在其上的玻璃厚度不同，造成感光效果不同，而呈现出不同的颜色。同理，木星上云层也有厚薄之分，反射出来的太阳光也有强弱，所以木星上才会呈现出各种颜色，出现大红斑和白卵。

· 智慧方舟 ·

填空：

1. 木星的自转周期是_____。

2. 大红斑之大，能够容纳_____。

3. _____是太阳系中最红的星体。

4. _____是太阳系中最大的卫星。

5. 土星的光环特别的薄，最多只有_____千米厚。

6. 牧羊人卫星的作用是_____。

7. _____是拥有伴星的卫星。

8. 天王星的磁场轨迹与其自转轴有_____的夹角。

9. _____是太阳系中唯一存在活火山的卫星。

10. 已知冥王星的唯一卫星是_____。

彗星、小行星、流星

·探索与思考·

观测流星

1.在晴朗的夜晚，最好没有月亮或者月亮不太亮，可以和亲友去城市的近郊区；

2.找一个双筒天文望远镜，对准天空观测。如果是在春天，你可以将镜头对准天琴座或水瓶座；如果是在夏天，你可以将镜头对准英仙座；如果是在秋天，你可以将镜头对准猎户座或金牛座；如果是在冬天，你可以将镜头对准狮子座、双子座或牧夫座；

3.仔细观测，你会看到经常会有流星从你身边滑过，如果你的追踪技术足够高的话，可以看见整个流星从出现到消失的全过程。

想一想 为什么会有流星出现？

彗星、小行星和流星都是太阳系中的异类，它们会从遥远的太空掠过其他天体来和地球"套近乎"。古时候，彗星被视为不祥的预兆，常常给人们带来恐惧和惊慌。流星则被视为灵魂的代表。小行星是近代以来才被发现并引起重视的，被很多人当作引起毁灭性灾难的罪魁祸首。三者都有可能和地球零距离接触，落到地面上，形成各种陨石。

彗星
身躯庞大的流浪者

彗星是长着"尾巴"的天体，由冰块和尘埃的聚结物组成。一颗彗星在离太阳相当近时，日冕可以产生太阳风，太阳风把彗星散发的气体吹离太阳。这些气体和尘埃就形成彗尾，彗尾就像是长发。其实，在希腊语中，彗星的意思就是"留着长发的星星"。彗尾可以长达数亿千米，伸展开来可以横贯大半个天空。尽管伸展很广，但由于物质非常稀薄，因此彗尾的质量并不大。

彗星的结构
大个儿"脏雪球"

彗星的主体是由尘埃、石块、冰块及凝结成固态的氨、甲烷、二氧化碳等化合物所组成的彗核。彗核是球形固体，又被称作"脏雪球"。运行到太阳附近时，彗星物质受太阳辐射的照射、蒸发与太阳风的吹袭，才形成彗发与彗尾。彗星的彗尾永远背向太阳，彗尾的形状随时都有变化。彗尾一般分成两部分：离子尾和尘尾。彗头是彗星的最前端，它的主要组成部分是彗星的主要部分，它集中了彗星的主要质量。

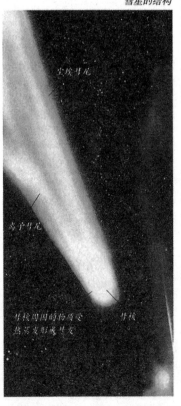
彗星的结构

彗星的轨迹
巨大的轨道

不同的彗星轨道形状也不同，有的是极扁的椭圆，有的是抛物线或双曲线轨道。沿抛物线或双曲线轨道运动的彗星是非周期彗星。很扁长椭圆轨道的彗星，其公转周期也很长，要几百年乃至几万年才回归太阳系一次，只有短周期的彗星才被多次观测到。绝大多数短周期彗星是顺向公转的（即跟行星公转方向相同），它们的轨道面相对黄道面的倾角小于45°，有少数逆向公转，而长周期彗星和非周期彗星的轨道面倾角是随机分布的。

周期彗星
有规律地绕太阳行进

周期彗星是指围绕太阳定期公转的彗星。一般来说，轨道是椭圆形的彗星便是一颗周期彗星。周期彗星又分为短周期彗星和长周期彗星。周期短于200年的称为"短周期彗星"，长于200年的称为"长周期彗星"。轨道是抛物线或者双曲线的彗星，只能接近太阳一次，永不复返，称为"非周期彗星"。彗星周期的长短之间相差极大，在目前已知的彗星中，周期最短的彗星是恩克彗星，它的公转周期为3.3年。

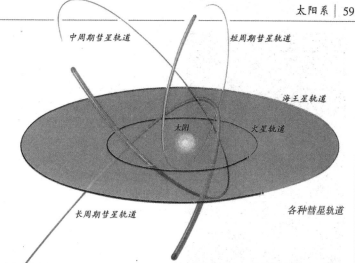

各种彗星轨道

彗星族
被大行星俘获的彗星

约三分之二的短周期彗星的远日距小于7个天文单位，即它们在远日点时临近木星轨道，它们被称为"木星族彗星"。一般认为，近抛物线（偏心率e约等于1）轨道的彗星接近木星时，因受木星引力摄动，其轨道改变而被俘获为短周期彗星。此外，还有些彗星的远日距靠近土星、天王星、海王星轨道，分别称做"土星族彗星""天王星族彗星""海王星族彗星"，但数目少，是否来自"俘获"尚有疑问。

彗星的彗尾很长，图中的5个彗星是已知彗星中尾巴最长的。

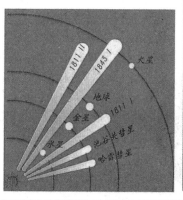

这是1976年出现的韦斯特彗星。

奥尔特云
彗星的故乡

奥尔特云是长周期彗星和非周期彗星的发源地。荷兰人奥尔特做彗星轨道的统计研究时，发现轨道半径为3万~10万天文单位的彗星数目很多，他推算那里有个大致呈球状的彗星储库，有上千亿颗彗星，因而这个彗星储库称为"奥尔特云"。那里的彗星绕太阳公转的周期长达几百万年。按照近年的更仔细研究，奥尔特云中有上万亿至十万亿颗彗星。当然，这些遥远的彗星绝大多数尚不能直接观测到。

这颗 1853 年出现在伦敦上空的彗星，一度引起人们的恐慌。

哈雷彗星
史上最著名的彗星

哈雷彗星是第一颗被人类计算出轨道并预报回归周期的大彗星，其绕太阳公转的平均周期是 76 年，逆向公转。1705 年，哈雷根据牛顿最新的运动定律，预言了这颗在 1531、1607 和 1682 年被看到的彗星能在 1758 年回归。在哈雷去世后 16 年，该彗星再次靠近地球，证实了哈雷预言的准确性。为了纪念哈雷，人们把这颗彗星命名为哈雷彗星。中国早在春秋时期就有了哈雷彗星的记录。

哈雷

哈雷（1656—1742），全名叫作埃德蒙·哈雷。英国著名天文学家、数学家。哈雷彗星周期规律的发现者。哈雷曾建立了南半球的第一个天文台，并测编了包含 341 颗南天恒星黄道坐标的第一个南天星表。著有《彗星天文学论说》一书。发现了一颗每隔 75 至 76 年回归一次的大彗星——"哈雷彗星"。哈雷还发现了天狼星、南河三和大角这三颗星的自行，以及月球长期加速现象。

哈雷肖像

小行星
形态不规则的小个儿天体

小行星是体积很小的行星。据估计，最小的小行星直径不足 1 千米。有些小行星还有自己的卫星。它们都是由岩石构成的小天体，上面没有大气层。大多数小行星是一些形状很不规则、表面粗糙、结构较松的石块，表层有含水矿物。它们的质量很小，按照天文学家的估计，所有小行星加在一起的质量也只有地球质量的二千五百分之一。

谷神星

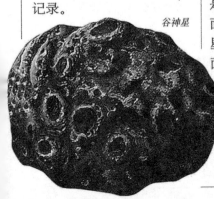

谷神星
最早被发现的小行星

谷神星是第一颗被发现的小行星。1801 年意大利天文学家皮亚奇无意中发现了一颗位于火星和木星轨道之间的小行星，直径约 1 000 千米。根据皮亚奇的观测数据，当时年轻的数学家高斯计算出了这颗新天体的轨道。这颗行星正好位于火星与木星之间，它与太阳的平均距离为 27.7 个天文单位，与"提丢斯－波得定则"规定的 28 个单位的位置几乎完全吻合。这颗新发现的行星被命名为"谷神星"。

小行星带
小行星聚集的地方

太阳系中的许多小行星在火星和木星轨道之间绕太阳运动，它们形成了一个小行星带。由于小行星谷神星的发现，使人们进一步发现了小行星带。另外，在太阳系边缘还有一个柯依伯带，处于距太阳约 30～100 天文单位的地带。

特洛伊小行星群

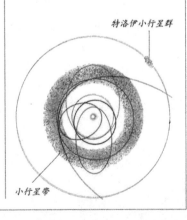

小行星带

小行星的轨道

貌似杂乱的分布

小行星和大行星一起，一面自转，一面自西向东地围绕太阳公转。尽管拥挤，却秩序井然，有时它们巨大的邻居——木星会把一些小行星拉出原先的轨道，迫使它们走上一条新的漫游道路。已知的小行星都分布在地球轨道到土星轨道的太空中。按其所在位置和轨道的不同，分为三类：位于火星与木星之间的小行星带；与木星在同一轨道上的特洛伊小行星群；绕太阳运行时穿过地球轨道且自身轨道明显伸长的阿波罗小行星。

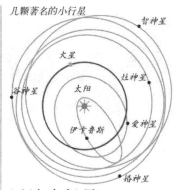

几颗著名的小行星

柯克伍德空隙

小行星带的内部"裂缝"

1866年天文学家柯克伍德发现小行星带中有些地方是空的，如果这些地方有小行星，它们的周期刚好会是木星的三分之一、五分之二或二分之一。这些缝隙被命名为柯克伍德空隙。它们的产生明显受到木星重力影响。后来发现更多的柯克伍德空隙，都跟木星的周期有类似整数的关系。

近地小行星

危险的"冒失鬼"

一些近距小行星的轨道近日点深入到内太阳系，有的甚至跑进地球轨道以内，称为近地小行星。按照轨道近日点的距离和半长径的数值特征，近地小行星又被划分成阿莫尔型、阿波罗型和阿登型。近地小行星备受人类关注，因为它们有可能撞到地球上来。一旦发生这种情况，将会对地球环境及人类构成严重危害。不过这种可能性数百万年才会出现一次，因此我们不必过分担忧。

流星体

流星和陨石的前身

流星体是太空中一种岩石或尘埃的聚积物，通常来自彗星和小行星。它们自己不发光，平时围绕太阳公转，并构成椭圆形轨道，当它们和地球公转轨道相交时，就有几率形成流星体。流星体与大气分子相摩擦碰撞，使空气产生电离并加热到几百、几千甚至几万度，在高温气流作用下，流星体产生燃烧、发光、气化。由于流星体远动过程是逐渐燃烧，沿途留下空气电离的余迹，一部分残留下来，坠落到地表就成为陨石。

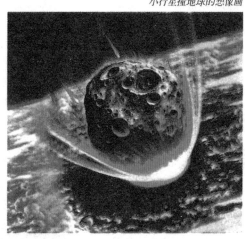

小行星撞地球的想像画

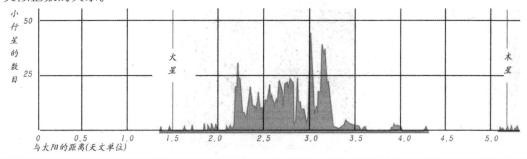

偶发流星
偶尔出现的流星

有的流星是单个出现的，出现的时间及方向也没有规律，也无任何辐射点可言，这种流星称为偶发流星。偶发流星的出没不具备周期性，通常是单个而零星的出现。天气良好及没有月亮的晚上，在黑暗的郊外，每晚大约可看到10~20多颗偶发流星。火流星也是一种偶发流星。流星雨与偶发流星有着本质的不同，流星雨的重要特征之一是所有流星的反向延长线都相交于辐射点。

火流星
最美丽的流星

火流星是一种很亮的流星，看上去非常明亮，发着"沙沙"的响声，有时还有爆炸声，有的火流星甚至在白天也能看到。火流星的出现是因为它的流星体质量较大，进入地球大气后来不及在高空燃尽而继续闯入稠密的低层大气，以极高的速度和地球大气剧烈摩擦，产生出耀眼的光亮。火流星消失后，在它穿过的路径上，会留下云雾状的长带，称为"流星余迹"，有些余迹消失得很快，有的则可存在几秒钟到几分钟，甚至长达几十分钟。

火流星划过天空时呈现出的美丽痕迹。

狮子座流星雨

流星雨
流星体的大爆发

流星雨是流星现象中最美丽壮观的景象。流星雨出现时，千万颗流星像一条条闪光的丝带，从天空中某一点（辐射点）辐射出来。流星雨以辐射点所在的星座命名，如仙女座流星雨、狮子座流星雨等。历史上出现过许多次著名的流星雨：天琴座流星雨、水瓶座流星雨、狮子座流星雨、仙女座流星雨……中国在公元前687年就记录到天琴座流星雨，这是世界上最早的关于流星雨的记载。流星雨的出现是有规律的，因此它们又被称为"周期流星"。

狮子座流星雨
最受关注的流星雨

狮子座流星雨是最为人们关注的流星雨，其产生的原因是由于存在一颗叫坦普尔塔特尔的彗星。这颗彗星绕太阳公转，同时，它不断抛散自身的物质，这些小微粒分布并不均匀，当地球遇到密集的地方，出现的流星就多，地球上的人们便会看到大规模的流星雨。由于坦普尔塔特尔彗星的周期为33.18年，所以狮子座流星雨是一个典型的周期性流星雨，它的周期约为33年。

陨石
来自宇宙的信使

陨石来自遥远而古老的太空，通过研究陨石，人们可以了解宇宙的演化。科学家们对在澳大利亚发现的一块陨石进行了分析研究，通过气体色谱分析和质谱分析，发现陨石里含有氨基酸的成分。目前，科学家们在这颗陨石中已经发现了80多种氨基酸。从这些氨基酸结构上分析，它们显然是在宇宙射线的照射下才形成的，而非落到地球上之后，被新近污染上的。在一定程度上，这成了人类搜寻太空生命的又一个动力。

陨石的分类

石陨石、铁陨石和石铁陨石

根据陨石本身所含的化学成分的不同，大致可分为三种类型：一为石质陨石 (aerolite)，也叫石陨石，主要成分是硅酸盐，与地球岩石的成分相近，这种陨石的数目最多；第二类为铁质陨石 (siderite)，主要成分为铁与镍合金；第三类为石铁质陨石 (siderolite)，成分为岩石和金属，这类陨石较少，其中铁镍与硅酸盐大致各占一半。石陨石在收集到的陨石中占绝大多数，其次是铁陨石，石铁陨石最少。

陨石坑

陨石给星球表面留下的伤疤

陨石冲击地面的同时还形成陨石坑。太阳系中行星表面的环形山与地球上的陨石坑出于同样的成因。其中，大部分已知的陨坑分布在北美、欧洲和澳大利亚。美国亚利桑那州的巴林杰陨石坑是世界上最著名的陨石坑，也是地球上最大的陨石坑，直径达1 200多米，深约180米。大约在4万年前，一颗流星体撞击了地球后就形成了这个陨石坑。

美国亚利桑那州的陨石坑是世界上已知最大的陨石坑。

——外太阳系——

宇宙的演变

气球与宇宙

1.我们找一个纯色的气球，然后在气球上画上小圆点。

2.当我们把气球吹起来的时候，会看到原本挨得很近的那些小圆点随着气球的胀大而彼此远离。

3.一个小圆点就代表一个星系，气球就代表宇宙。我们会发现宇宙间的星际物质越来越稀薄，而且越远的星系移动的速度越快。

想一想 星系之间是否因为宇宙的膨胀而越来越远呢？

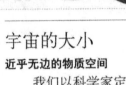

星系是宇宙的成员之一。

宇宙的结构

宏观和微观中的宇宙

从宏观体系上来看，宇宙是由星云、星团、星系等结构组成，基本上是多重旋转结构。至于宇宙的微观体系，经过研究，科学家们已发现了宇宙中名叫轻子、夸克的基本粒子，这些基本粒子的特点是没有体积。

宇宙指空间中的所有物体，是广漠空间和其中存在的各种天体以及弥漫物质的总称。它处于不断的运动和发展中，它的统一性在于其物质性。根据我们老祖宗的解释就是时间与空间的综合。现代宇宙观认为，宇宙是在100亿～200亿年前的一次大爆炸中诞生的，从而也诞生了时间、空间和物质，而宇宙在大爆炸之后并没有静止不动，它不断地在膨胀。科学家们预测宇宙最后的结局不是因为收缩走向灭亡就会因为远离而走向灭亡。

宇宙的大小

近乎无边的物质空间

我们以科学家定的光年为计算单位来看宇宙的大小。"光年"就是光行进1年的距离。我们知道，光行进的速度为300 000千米／秒，按照这样计算，1光年的距离为 9.4608×10^{10} 千米。这样，太阳与比邻星的距离为4.2光年，银河系的直径约10万光年。而宇宙的大小从理论上来说，它现在半径尺度应是100亿～200亿光年，因为空间从零以光速扩展，而光是球形传播的，那么从100亿～200亿年前的大爆炸，即宇宙诞生时计算，则能得出宇宙的半径尺度。

奇点

大爆炸的起点

在时间的起点和终点，空间为零，这样的点称为奇点。宇宙间所有物质集中在一个点，因此，这个点的物质密度应该是无限大。当一颗具有足够大质量的恒星到了生命的最后时期，由于万有引力作用形成了黑洞。黑洞巨大的引力使得其周围的空间弯曲，以至于物质极度收缩：邻近的恒星被吸了进来，最终成千上万颗恒星都被卷入这旋涡之中，于是产生了一个具有巨大质量的集合体。物理学家将这个集合体视为大爆炸奇点的模式。

宇宙大爆炸

宇宙的诞生

宇宙爆炸论是指宇宙诞生于一次大爆炸的一种假说。宇宙在大爆炸之初是一大片由微观粒子构成的均匀气体、体积小、温度高、密度大，且以很大的速率膨胀着。这些气体在热平衡下有均匀的温度。这统一的温度是当时宇宙状态的重要标志。气体的热膨胀使温度降低，原子核、原子乃至恒星系统得以相继出现。随着温度和密度的继续降低，宇宙早期存在的微小涨落在引力作用下不断增大，最后逐渐形成今天宇宙中的各种天体。

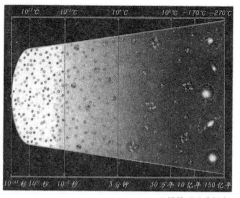

从爆炸到星系诞生。

暴胀

快速膨胀的阶段

宇宙爆炸之后经历一次快速膨胀，称为暴胀。在暴胀之前，宇宙体积极小，星系或其前身全都紧密地挤在一起。在暴胀阶段，由于光速赶不上暴胀的速度，它们之间彼此失去了联系。暴胀结束后，膨胀速度开始放慢，因此各星系间又逐渐恢复了联系。物理学家将暴胀所迸出的能量，归因于大爆炸之后一个新的量子场"暴胀子"中所储存的势能。势能可以产生引力排斥效应，从而加速宇宙膨胀。

成熟的宇宙

不再"狂燥"的宇宙

成熟的宇宙是指已经产生基本化学元素的原子核时的宇宙。宇宙经大爆炸诞生后约1秒时各处的温度约为100亿度，这时物质必定分裂成最基本的成分，形成基本粒子。但是，随着温度迅速降低，核反应就可能出现了。特别是中子和质子就很容易成对聚合在一起，形成更大更稳定的群组。大约3分钟后，宇宙产生了氘、氦等化学元素的原子核，为星系和恒星的生成准备了条件。宇宙因此而平静下来。

宇宙自爆炸以来一直在不断膨胀。

物质在宇宙爆炸后诞生。

膨胀的宇宙

不断拓展的空间

宇宙自大约137亿年前由一个非常小的点爆炸产生后，就不断地在膨胀。在银河系外的其他星系都在远离我们而去，而且星系越远，退行的速度越快。然而根据爱因斯坦方程，星系本身并不运动，而是星系之间的空间在膨胀。宇宙膨胀随着空间的伸展，带动了星系之间相互远离。只要测量出附近星系的膨胀速率，就可以推算出星系的距离。

加速的宇宙

加速的宇宙指的是宇宙自大爆炸之后，处于一直以一种加速度无限膨胀的状态。宇宙常数反作用于星体间的引力把空间向外推，以致于宇宙一直在加速膨胀，宇宙的范围将持续扩张。星系之间的距离由于宇宙空间的膨胀将无限遥远，直到恒星发出的光再也无法抵达地球。但是，引力也会减缓其膨胀，宇宙膨胀的加速到最后将不得不停止，目前宇宙可能继续膨胀，但以一直减速的速率膨胀。

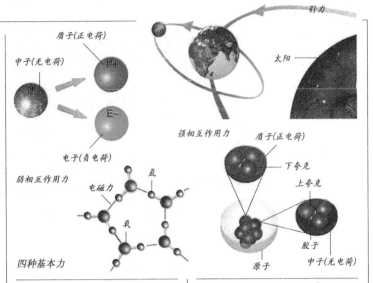

质子(正电荷)
中子(无电荷)
电子(负电荷)
强相互作用力
质子(正电荷)
下夸克
上夸克
胶子
中子(无电荷)
原子
引力
太阳
弱相互作用力
电磁力
氢
氦
四种基本力

膨胀与重力

一对决定宇宙空间大小的"冤家"

　　自宇宙大爆炸后，星体和各星系一直各自向外飞散。理论上讲，相互维系的重力应该减慢这个膨胀的速度，但事实上膨胀还在加速进行。据科学家们推断：如果宇宙总质量超过某一个值，则宇宙是封闭的，最后膨胀速度因重力吸引而减慢，并且往内压缩；若宇宙总质量等于该值的话宇宙将以等速稳定膨胀；若小于该值，则宇宙加速膨胀。以现有的科技水平来说，科学家们比较倾向于宇宙总质量小于该值的说法。

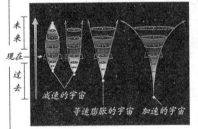

未来
现在
过去
减速的宇宙
宇速膨胀的宇宙
加速的宇宙

基本力

物质命运的"决定者"

　　我们的宇宙由四种力或它们之间的相互作用支配，这四种力就是基本力，即引力、电磁力、强相互作用力和弱相互作用力。宇宙大爆炸后，随着温度的不断下降，基本粒子和四种基本力才逐渐分离出现。分离强作用力时，释放出巨大的能量，提供了宇宙膨胀的能源。也正是这些基本粒子和基本力决定了所有物质的命运。

质子与中子

原子核的成分

　　质子是指在原子核中的非基本粒子，带有 +1 的电荷，由所谓夸克的基本粒子构成。中子是指一种不带电荷的通常可在原子核中找到的非基本粒子。它也是由所谓夸克的基本粒子构成。宇宙大爆炸后 1 秒钟内，原子和中子产生。

原子的产生

核力和电磁力的"杰作"

　　宇宙大爆炸后，最早的基本粒子之一夸克 3 个 3 个地结合产生质子和中子。将这些夸克系在一起的是强大的核力。核力再集合质子和中子，形成氢和氦的核。宇宙大爆炸 30 万年之后，电磁力建构原子的物质，促使每个质子与一个电子结合，形成一个氢原子。电磁力还使每个氦核与两个电子聚集，形成一个氦原子。

物质的积累

现在物质的起源

　　宇宙在暴胀过程中，由于极高的能量而产生了 X 粒子和反 X 粒子，这两种是超重粒子。宇宙极速冷却后，这两种粒子变得不稳定继而转变成较轻的夸克及轻子。夸克和轻子产生的同时也生成反粒子，然而反粒子的数量略少于夸克和粒子，正是由于这种轻微的不平衡，才导致了在暴胀结束后物质和反物质粒子的相互消减过程中，物质被最终保存下来，造就了现在宇宙的所有物质。

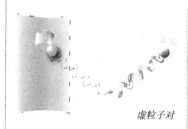

虚粒子对

虚粒子
能量起伏产生的粒子

量子力学的不确定性原理允许宇宙中的能量于短时间内在固定的总数值左右起伏。起伏越大则时间越短，从这种能量中起伏产生的粒子称为虚粒子。当能量恢复时虚粒子湮灭。宇宙大爆炸时产生的巨大能量生成了虚粒子对：物质和反物质，但几乎是在生成的同时又相互消减。

宇宙物质的演化过程

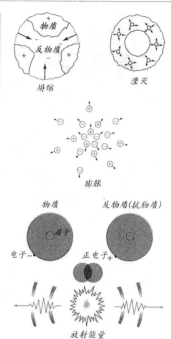

物质和反物质如果相互接触便会湮灭，放出辐射能。

反物质
"最熟悉的陌生人"

反物质就是由反粒子组成的物质，所有粒子都有反粒子，反粒子的特点是其质量、寿命、自旋、同位旋与相应的粒子相同，但电荷、重子数、轻子数、奇异数等量子数与之相反。当反物质和物质相遇时就会发生湮灭、爆炸、放出伽玛射线并产生大量的能量。据估计，1克反物质与正物质结合时，放出的能量相当于世界上几个最大水电站发电量的总和。最早提出反物质假说的是英国物理学家狄拉克。目前宇宙中是否有反物质的存在还在理论研究中，但是在人工条件下，人们在粒子加速器里得到了反物质。

最初的恒星
成分简单的天体

恒星是指由炽热气体组成的，能自己发光的球状或类球状天体。最初的恒星形成于大爆炸之后仅仅过去2亿年。它的组成成分几乎全是由宇宙大爆炸后生成的氢和氦。最初的恒星把氢和氦这样较轻的元素加工成为较重的像氮、碳和铁等新元素。然后再在超新星爆炸时把这些元素释放出来，为第二代恒星和行星的产生准备了条件。现在宇宙中所含的元素除了氢、氦和少量的锂之外，几乎全是由最初的恒星制造的。

原星系
星系的起源

星系是指由几十亿至几千亿颗恒星以及星际气体和尘埃物质等构成，占据几千光年至几十万光年的空间的天体系统。在宇宙大爆炸后的膨胀过程中，分布不均匀的星系前物质收缩形成原星系，再演化为星系。目前关于原星系的诞生有两种假说：一是引力不稳定性假说，认为宇宙物质是因引力不稳定而聚成原星系；一是宇宙湍流假说，认为宇宙间涡流的碰撞、混合、相互作用产生巨大的冲击波，并形成团块群，再演变成星系。

类星体

类似恒星的物体

类星体又叫类星射电源，是与恒星类似的物体。现在普遍认为类星体是由一个巨大的旋转黑洞和正在大量的降落上去的物质组成。类星体的显著特点是其光谱有非常大的红移。大多天文学家认为这是由于类星体距离我们非常遥远，并且在以非常高的速度离我们而去造成的。一个典型类星体的辐射规模是相当惊人的，远远超过现今所知道的宇宙里的任何天体。有些类星体的亮度很不稳定，有显著的起伏变化，光变周期自几个月到一年以上不等。

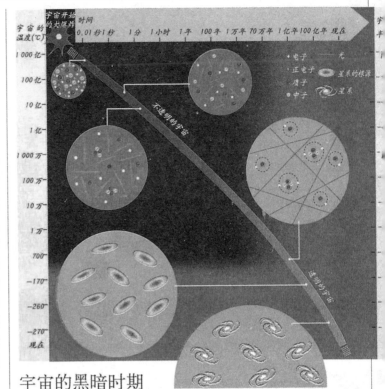

宇宙从不透明变得透明。

最远的类星体

美国的科学家利用伽玛射线望远镜，发现离地球约110亿光年的4C71.07类星体，这是科学家发现离地球最远的类星体。而其核心的黑洞的质量是相等于数百万个太阳的质量。科学家相信，银河系可能曾经是一个类星体，经过数百万年的进化，最后安定下来。

宇宙的黑暗时期

又冷又暗的太空

宇宙的黑暗时期指的是在宇宙诞生后的最初几十万年间，一个基本不发光，一片黑暗的时期。在宇宙初期，光子由于不断地发生散射作用，被一个粒子反射，再撞上其他的粒子，致使光线无法直行，所以当时的宇宙是黑暗的。在宇宙的黑暗时期，已经聚集的黑暗团开始吸引附近的气体，建立了星系的基础。随第一批星系和星体的产生，宇宙逐渐透明。

哈勃定律

利用退行速度测量星系距离

1929年，美国天文学家哈勃发现河外星系视向退行速度 v 与距离 d 成正比，即 $v = Hd$。这个关系称为哈勃定律，又称哈勃效应。式中 H 称为哈勃常数。哈勃定律中，v 以千米／秒为单位，d 以百万秒差距为单位，H 的单位是千米／（秒·百万秒差距）。哈勃定律有着广泛的应用，它是测量遥远星系距离的唯一有效方法。只要测出星系谱线的红移，再换算出退行速度，便可由哈勃定律算出该星系的距离。

类星体

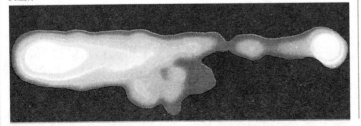

哈勃

艾德温·哈勃(1889～1953)，美国著名天文学家，星系天文学的奠基人，观测宇宙学的开创者。他对天文学的主要贡献有：一是确认星系是与银河系相当的恒星系统，开创了星系天文学，建立了大尺度宇宙结构的新概念；二是发现星系的红移－距离关系，即哈勃定律，促使现代宇宙学的诞生。此外，他提出了河外星系的形态分类法，被称为哈勃分类，一直沿用至今。

旋涡星系

星系旋转法
通过星系旋转测定距离

星系旋转法是指通过具有相同旋转速度的星系来测量天体距离。天文学家在研究造父变星和附近星系的距离时发现一个旋涡星系的总亮度和它的旋转速度有关，而星系的旋转速度可以通过星系两边的红移和蓝移来确定。具有相同旋转速度的星系可以用来测量远至 10 亿光年的天体距离。

红移
反映天体运动的光谱变化

红移是指天体光谱中某一谱线相对于实验室光源的比较光谱中同一谱线向红端的位移。当光源远离观测者时，它所发出的光会因波长变长而稍稍发红，这种现象就是"红移"。当光源接近观测者时，波长就会变短而发蓝，称为"蓝移"。哈勃发现，来自星系的光谱呈现某种系统性的红移，即星系正在远离我们。

星系红移
远去的星系

星系红移是指观测天体时，星系光谱的暗线因为受星系向远方移动的影响而颜色偏红。星系红移量与星系距离是正比关系，与星系质量也是正比关系。星系之间距离非常遥远，光线传播因星际空间物质的吸收阻挡会逐渐减弱。那些运动速度越快的星系就是质量越大的星系，质量大能量辐射就强，因此，我们观测到红移量越大的星系当然就是质量越大的星系。而那些质量小、能量辐射弱的星系则很难观察到。

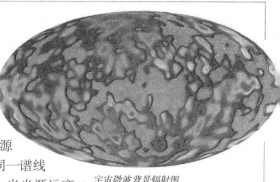

宇宙微波背景辐射图

微波背景辐射
起源于热宇宙早期的辐射

微波背景辐射是指来自宇宙空间背景上的各向同性的微波辐射。它是温度近于2.7K的黑体辐射，习惯称为3K背景辐射。它是由美国科学家彭齐亚斯和威尔逊发现的。它最重要的特征是具有黑体辐射谱，黑体谱现象表明，微波背景辐射是极大时空范围内的事件。微波背景辐射的另一特征是具有极高的各向同性，各同向性说明：在各个相距遥远的天区之间，应当存在过相互联系。目前的看法认为背景辐射起源于热宇宙的早期。这是对大爆炸宇宙学的强有力支持。

河外星系的谱线红移(中)和蓝移(下)

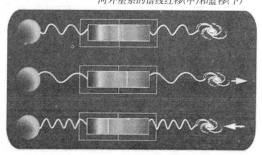

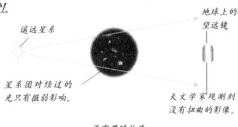

锂 0.0000001% 氦 23%

氢 77%

宇宙的成分

可见物质与暗能量

宇宙大爆炸后最初三分钟所生成的元素经过精密的计算，应该是77%的氢、23%的氦和0.0000001%的锂。而我们现在的宇宙成分中只有4%是原子，它们形成了地球上的各种物质。其他23%是由不明粒子组成的冷暗物质，另有73%为一种暗能量。科学家们认为这种占宇宙成分三分之二的暗能量可能构成了宇宙中不可见的部分，能够产生与引力相反的排斥力，这也许可以用来解释宇宙出现加速膨胀现象。

暗物质

看不见的"神秘客"

宇宙中不能发光，不能看见的物质被称为暗物质。由于这些物质由具有低热速度的物质组成，一般又称为"冷暗物质"。这些物质和通常的可见物质在引力的作用下聚集，形成一些从个别星系到巨大的超星系团等大小不一的天体。整个宇宙中有90%的质量为暗物质。

引力透镜效应

背景光源的畸变

引力透镜效应是爱因斯坦广义相对论所预言的一种现象，由于时空在大质量天体附近会发生畸变，使光线在大质量天体附近发生弯曲（光线沿弯曲空间的短程线传播）。在有些情况下，起引力透镜作用的天体是一个星系，它对光的弯曲作用能产生类星体或其他星系等更遥远天体的多重像。引力透镜效应可使背景的光源产生畸变，测量这种畸变可以准确地测定前方透镜天体的质量，特别是不发光的暗物质。

遥远星系　　星系团对经过的光只有微弱影响。　　地球上的望远镜

天文学家观测到没有扭曲的影像。

没有黑暗物质

遥远星系　　　　　　　　　　　地球上的望远镜

光线受到星系团重力影响而偏折。　黑暗物质聚集在星系团中心。　天文学家观测到扭曲的影像。

有黑暗物质

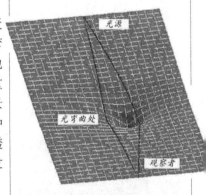

光源

光穿曲处

观察者

星系团是宇宙中存在暗物质的证据

宇宙射线

高能粒子群

宇宙射线来自于远在大气层以外的太阳和宇宙深处，是一些以非常接近光速运动的高能粒子。它们会与空气中的粒子发生碰撞而产生簇射。簇射的成分包括了质子、中子、电子、正电子、渺子、微中子、π介子和伽玛射线。除了微中子和渺子外，大部分粒子都会被吸收而无法到达地面。人类对宇宙射线做微观世界的研究过程中采用的观测方式主要有三种，即：空间观测、地面观测、地下（或水下）观测。

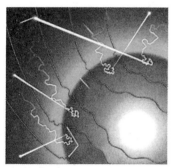

宇宙射线示意图

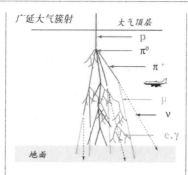

宇宙射线的发现

1912年，德国人汉斯发现电流随海拔升高而变大，从而认定电流是由地球以外的一种穿透性极强的射线所产生，这被称为"宇宙射线"。1938年法国人奥吉尔又发现几乎所有的宇宙线在穿过大气层时都要与氧、氮等原子核发生碰撞，并转化出次级宇宙线粒子，而这些粒子又产生一个庞大的粒子群，他把这称为"广延大气簇射"。

重力波

穿透性极强的横波

重力波是一种跟电磁波一样的波动，又称为引力波。有质量的物体被加速时就会发出引力辐射，天体在加速运动或变化时就产生了引力波辐射。它是在真空中以光速传播的一种穿透性极强的横波。恒星等巨大天体的重力使空间弯曲，剧烈的宇宙活动，如超新星爆发和黑洞的合并等，又会产生局部重力的快速变化。重力波能够用来探测光难以观测到的超新星和黑洞内部。

科学家猜测的几种宇宙形状

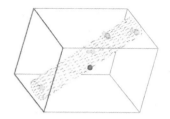

宇宙大爆炸后的一条宇宙线示意图

宇宙的形状

扁平状的外观

目前对于宇宙的形状，比较普遍的观点是：宇宙的形状是扁平的。宇宙形成初期的景象，显示出当时的宇宙只相当于现代宇宙的千分之一，而且温度比较高。通过再现宇宙形成初期的景象，天文学家证实了这样一种观点：宇宙的形状是扁平的，而且自形成以来一直在不断膨胀。但这种说法也不尽完美。也有科学家认为既然光从大爆炸后开始向四周传播，而光是球形传播的，那么，宇宙很可能是球形的。如果宇宙是球形的，那么，它就是有限无边的。符合"有限无边"条件的形状，还有轮胎形和克莱因瓶形。宇宙到底是什么形状的，需要科学家努力从理论上去揭示。

弯曲的空间

大质量天体的挤压

爱因斯坦认为，引力其实不是一种真正存在的力，而是看不见的空间弯曲不平造成的假象。在一些具有大质量星系聚集的太空区域，空间被大质量天体压出凹陷，普通空间的三维图像变形，会弯曲成为四维图像。原本笔直经过的光线在这里也沿着凹陷的空间转弯，产生像凸透镜一样使光线转弯的效应，并最终汇集起来。越靠近透镜中心部位的地方聚焦能力越强，越远离它聚焦能力越弱。

拉伸的空间

宇宙常数的作用

拉伸的空间是指宇宙空间在力的相互作用过程中，不断向外伸展。爱因斯坦的广义相对论中提出了一个"宇宙常数"的概念，认为宇宙常数是宇宙中存在的一种未知能量。天文学家将这个宇宙常数看成宇宙中的一种隐藏的作用力。这个作用力使得宇宙中天体之间的空间能被逐渐拉伸开来，相互之间距离越来越遥远，空间不断扩展。天体的质量产生的引力使太空向内围绕着它弯曲，但这种隐藏的作用力起到了一个相反的作用，把太空往外扩展。

弯曲的空间

扭曲的宇宙

物质含量引起的空间变化

扭曲的宇宙就是由于宇宙内部物质的质量而使得宇宙可以向任何一个方向弯曲。从最大规模而言，整个太空的质量可以使它周围的太空扭曲。广义相对论认为宇宙可以向三个方向的任一方弯曲，这取决于宇宙里物质的密度。宇宙中物质含量的多寡，决定了空间的性质：物质含量较多而重力较强时，则空间会扭曲而形成封闭状态；如物质含量减少，则空间扭曲情形也会减弱；但如刚好与宇宙膨胀取得平等，就会成为平坦的空间。

英国著名物理学家霍金

宇宙的边界

无边界设想

现在科学界对于宇宙的边界比较认同的说法是无边界设想。无边界设想即宇宙的边界条件就是它没有边界，是指空间和虚时间一起形成一个范围有限，但是没有边界或边缘的曲面的设想。在这个设想中，空间—时间像是地球的表面，只不过多了两维而已。只有当宇宙处于这种无边界状态时，科学定律才能确定每种可能历史的概率，才能确定宇宙应该如何运行。

霍金

史蒂芬·霍金（1942～），无边界设想的提出者之一。他最为人所知的就是他在1974年发现了黑洞放射，以及1983年与圣塔巴巴拉的吉姆·哈特尔共同宣布的无边界构想。在相对论和引力论的领域，他是继爱因斯坦后最伟大的代表人物。霍金的所有这些成就都是在他患卢伽雷病后的40年间做出的。在科学史上有许多残疾科学家，但是像霍金这样严重的残废程度则绝无仅有。

封闭的宇宙

不断收缩的空间

封闭的宇宙是指宇宙中的物质密度超过临界密度，宇宙就停止膨胀并开始收缩的状态。在封闭的宇宙中，黑洞不断吸收物质并且不断地增大。由于它们越变越大，因此就能找到更近的物质，之后与其他黑洞相撞产生更大的黑洞。最后把宇宙中的物体都吸进去，宇宙中只剩下它们自己，甚至可以说宇宙像是唯一的一个黑洞。但实际上，封闭的宇宙有一定的年龄，到一定时期就开始收缩，在宇宙成为单一的黑洞之前，封闭的宇宙就会因收缩而毁灭。

开放的宇宙

越来越空旷的太空

开放的宇宙是指宇宙中的物质密度没有达到临界密度，宇宙继续膨胀的状态。但若最后宇宙物质密度总和同临界密度一样，我们将得到一个平坦而开放的宇宙。如果重力不足以阻止膨胀，则宇宙将一直膨胀下去，没有终结且渐趋冰冷，空间将变得越来越空旷，星系之间距离持续增加，可释放能量的物质越来越少，但奔离速度会逐渐降低，宇宙将变得越来越冷、越来越黑暗。最终将因为失去能量的来源而走向灭亡。

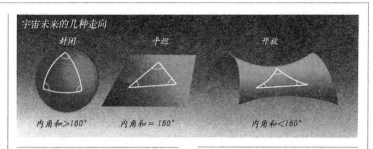

宇宙未来的几种走向

封闭　　　　平坦　　　　开放

内角和>180°　　　内角和=180°　　　内角和<180°

· DIY 实验室 ·

实验：散射的光线

准备材料：一个装满了水的玻璃杯、一个手电筒、牛奶

实验步骤：在玻璃杯中滴几滴牛奶，把水搅浑；打开手电筒，把它对准瓶口，让光线垂直射到水面上；注意观察水的颜色；再把手电筒平放在杯子的一侧，让光线射到玻璃杯的外壁上，注意观察水的颜色；当光线垂直落到水面上时，水看上去是淡蓝色的，当光线穿过玻璃杯的外壁射向水里时，水似乎变成了粉红色，而光线本身在水里看上去是橘黄色的。

原理说明：掺了牛奶而变浑浊的水把手电筒的光分解成了好几种不同颜色的光。其中，蓝色的短波光比红色的长波光更容易被散射，以致它不能直行。

· 智慧方舟 ·

填空：

1.宇宙的基本力是指_____、_____、_____、_____。

2._____、_____结合形成原子核。

3.原星系的诞生两种假说分别是：_____、_____。

4.距离地球最远的类星体是_____。

5.宇宙射线簇射的成分包括了质子、中子、电子、正电子、_____、_____和_____。

选择：

1.宇宙物质密度总和与临界密度成何关系时，宇宙会停止膨胀开始收缩？

　A.大于　B.等于　C.小于

2.无边界设想是由谁提出的？

　A.爱因斯坦　B.霍金　C.哈勃

3.最先从理论上提出反物质假说的是？

　A.狄拉克　B.卡尔·安得尔森　C.彭齐亚斯　D.威尔逊

4.暗物质占宇宙成分的？

　A.4%　B.23%　C.73%　D.77%

银河系

银河系的形状

1. 用两根金属丝做一个带有旋涡的风车；
2. 沿桌面看这两个旋涡，把你所看到的勾画下来；
3. 再从桌面上方来看旋涡，把看到勾画出来；
4. 把金属丝看成旋臂，太阳处在扁平的银河系之中。

想一想 从处在扁平面上的地球的位置，是否能看清楚银河系的旋臂结构？

银河系俯视图

银河系的结构

超大的旋涡

银河系的宏观结构由银盘和银晕构成。银盘是星系的主体。银晕是包围着银盘的雾状物，由稀疏的年轻恒星和星际物质组成。银河系中心是一个球状体，它由许多老年恒星聚集而成，球状体中心即银心是一个很强的射电源和高能辐射源。球状体中的气体还不断地向外扩张着。科学观测还发现，银河系有四条旋臂，它们是人马臂、猎户臂、英仙臂和银心方向的旋臂，太阳位于猎户臂的内侧。

银河系

我们地球和太阳所处的恒星系统，是一个普通的星系——银河系，因其在天球上的投影像条河而得名。我们能看到的银河只是银河系中的一部分。银河系比太阳系大得多，它里面的恒星数目多达千亿颗，太阳只是银河系中一颗微不足道的恒星。中国古代称它为"天河"、"银河"等，国外古代将它想像为"牛奶之路"，称它为"Milk Way"。沿着人马座由西南向东北方向的天鹅座看，银河最为显眼。

银河系的形状

"铁饼"星系

银河系的形状正看像一块铁饼，侧看像一块凸透镜，呈中间厚、边缘薄的扁平盘状。中央凸起的部分叫银核，是恒星分布最为密集的部分，直径为13 000～16 000光年。银核外面是银盘，直径82 000光年。太阳系中的行星以相同的方式围绕太阳旋转，而太阳则围绕银河系的中心飞快地旋转。正是高速旋转使银河系变得像碟子一样扁平。整个银河系的直径大约是10万光年，中心厚度5 000～6 000光年，边缘厚度2 000～3 000光年。

银河系旋臂示意图

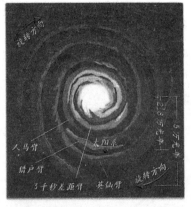

银心
银河系的中心

　　银心是银河系的自转轴与银道面的交点。太阳距银心约10千秒差距，位于银道面以北约8秒差距（32 616光年）。银心与太阳系之间充斥着大量的星际尘埃。中性氢21厘米谱线的观测揭示，在距银心4千秒差距处，有氢流膨胀臂，即所谓"3千秒差距臂"。在距银心70秒差距处，则有激烈扰动的电离氢区，以高速向外扩张。银心处还有一强射电源，即人马座A，它发出强烈的同步加速辐射。

银道面
银河系的主平面

　　银河系中间对称的平面称为银道面。银河系成员如恒星、尘埃云及气体等，绝大部分都对称地分布在这个平面的两侧，这些恒星、尘埃等越靠近银道面，越接近银心，它们的密度也就越大。太阳在银道面以北约8秒差距处。银道坐标系是以太阳为中心，以过太阳且平行于银道面的平面做为参照面的坐标系。这个参照面非常接近于银道面。

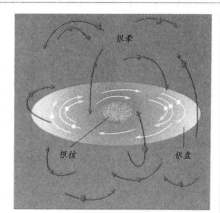

银河系主要组成部分示意图

银晕
环绕着银河的晕轮

　　银河系外围是由稀疏分布的恒星和星际物质组成的球状区域。其范围超过银河系扁平主体的50倍以上。银晕中的主要成员是球状星团、贫金属亚矮星、周期长于0.4天的天琴座和极高速星，总称为晕星族。观测得知：银晕中没有年轻的O、B型星和电离氢区，但是，却有来自银晕的射电。银晕中均匀地分布有较强的3.7米射电辐射源。一般认为这种射电不是来自分立射电源，而是来自连续的射电背景辐射。

银河系核球
恒星密集的地方

　　银河系核球是银河系中央的椭圆球状的核。核球的长轴约长4～5千秒差距，厚4千秒差距。核球是恒星密集的区域，越靠近中心越密集。核球的质量约占银河系总质量的5%，即为太阳质量的7×10^9倍。但在离银心10秒差距处，相邻两星的平均距离远达10 000天文单位。银河系核球面亮度的分布和椭圆的星系表面亮度分布相近，按与银心距离的四分之一次幂的$(R^{1/4})$变化。其质光比$M/L \approx 12$，和仙女星系的核球的质光比差不多。

银河系的银核部分

银盘
扁平状银河的"盘面"

　　银盘以轴对称形式，分布在银河的周围。直径约为25千秒差距，厚度约为1～2千秒差距，自中心向边缘逐渐变薄。银河系总质量为1.4×10^{11}太阳质量，绝大部分分散在银盘内。观测表明，从银心到1千秒差距处的银盘是刚性转动，1千秒差距以外的银盘则是非刚性的较差自转。银河系质量的百分之几是星际气体，绝大部分分散在银盘内。

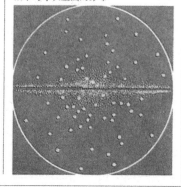

银晕与球状星团的分布

星线形带的旋臂

旋臂

星系的触手

旋涡星系内年轻亮星、亮星云和其他天体分布成旋涡状，从里向外旋卷。这种螺线形带为旋臂，是旋涡星系外形的主要特征。旋臂含有恒星、星际气体和尘埃，其前部往往存在一暗黑的尘埃窄条。在旋臂中还可以观测到电离氢区。银河系有四条或者更多条旋臂，用光学方法只可以观测到两条旋臂的一部分，用射电方法则可以观测到更多的部分（英仙臂、猎户臂、人马臂和3千秒差距臂等）。

人马臂

困扰天文观察的旋臂

人马臂位于猎户臂和银心之间，这条旋臂完整地环绕银河系。人马臂上有巨大的船底座复合体恒星诞生区，其中的船底座η星是著名的亮星之一。人马臂与其他的旋臂一样也有恒星残骸、脉冲星和黑洞。人马臂靠近太阳系的部分主要是大型的星云和较为浓密的分子云，这给天文学观察带来了困难。

船底座η星

船底座η星位于人马臂上，是最不稳定的恒星，它可能是比太阳质量大100倍的超巨星，而且它的亮度比太阳亮500万倍。经由望远镜观测，船底座η星如朦胧的橘色椭圆，这是最后一次爆发所抛掷的物质所致。它距离地球约8 000光年，位于广阔的NGC3372星云之内。船底座η星或许会在未来数千年内爆炸成为超新星。

图中箭头所指为船底座η星。

猎户臂

太阳系所在的旋臂

猎户臂是银河系的四条旋臂之一，位于银河系的外围。我们所在的太阳系就位于这条旋涡臂内侧边缘附近，距离银河中心大约26 000光年。猎户臂的粗细约为1 600光年，主要由年轻的恒星、星际气体和尘埃组成。在猎户臂的邻近地区是制造恒星的主要地区，年轻的恒星环绕在将要诞生新的恒星的分子云附近，这里还有一些诞生时间不长便爆炸的恒星的残骸。

英仙臂

最靠外的旋臂

英仙臂是银河系最靠外的一条旋臂，位于英仙座上。英仙臂是银河系的主旋臂，但由于它非常靠近银河系的外围，所以它的后方很少有明亮的恒星或是有复杂结构的干扰，天文学家们经常借助它来了解银河系。英仙臂没有完整地围绕在银河系的周围，它只是由年轻的恒星或星云构成的片段点缀在旁边。位于英仙臂上的IC1795是英仙臂最大的恒星形成区，而仙后座A则是300年前爆炸的恒星残骸。

银河系磁场

测定磁场的方法

一些证据表明了在银河系星际空间确实存在磁场。科学家们通过观测宇宙线、银河背景射电辐射、弥漫星云的形状和星光偏振证实了磁场的存在。测定磁场的主要方法有两种：一是法拉第旋转；另一种是中性氢21厘米谱线的塞曼分裂。法拉第旋转测量得到的是辐射源和观测者之间的磁化等离子体的磁场的平均值；中性氢21厘米谱线的塞曼分裂测量得到的是视线方向的中性磁场。此外，也可以通过星光偏振测量得到尘埃区的磁场。旋转测量和中性氢21厘米谱线的塞曼公裂测量的结果较为可靠。

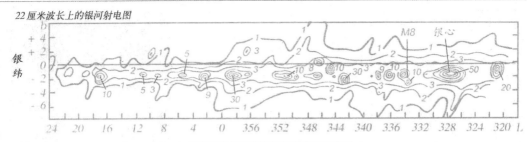

22厘米波长上的银河射电图

银河系射电

"永不消失的电波"

银河系射电是银河系内各种天体(不包括太阳系)发出的射电的总称。目前已知的有六种:中性氢21厘米谱线射电不会被星际物质吸收;星际电离气体射电的辐射强度在短波段上几乎与波长无关,在较长的波段则随波长的增长而迅速减低;星际非热射电的辐射强度随波长的增长急剧增高,到达极大后再缓慢下降;超新星遗迹射电是非热分立射电源;射电星射电是指脉冲星、红超巨星等射电星的射电;还有星际分子谱线射电。

银河背景射电

银河射电源的"背景"

银河背景射电指的是在银河系分立射电源之间观测到的较弱的辐射。它好像电源的背景,所以称为银河背景射电。它是宇宙射电总天图中的连续射电区的主要成分,可分为银盘和银晕两部分非热射电,同银河系形状密切相关。连续射电区也有小部分是遥远微弱的分立射电源集合而成。微波背景辐射也是电区的组成部分。

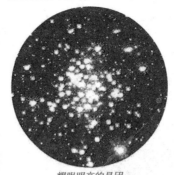

耀眼明亮的星团

银河星团

星星的集合体

银河星团是由于大多位于银道面附近而得名,通过望远镜足以分辨出其中单颗恒星,因而又名疏散星团。它们是属于星族I的天体,形状大致为球形,半径从小于1秒差距到约10秒差距,包含的星数从几十个到1 000个以上。银河星团的成员种类十分复杂。对于年轻星团来说,其中亮星大多是主序星,也有一些特殊恒星。年轻星团都与星云有联系。在年老星团中,有大量白矮星。银河星团中还有大量的双星和各种类型的变星。

银河系模型

研究银河系的手段

银河系模型是从总体上研究银河系质量分布和结构的一种简化模型。银河系模型主要研究银河的质量分布。一般只考虑旋涡结构,同时还假定引力场是对称的。一般说来,要建立银河系平滑变化的质量分布模型,必须以某种形式的速度分布为根据,并需要选定若干参数。根据观测资料,可以认为银河质量大体上按椭圆分布。对不同天体群(例如不同星族)可以分别建立各自质量分布模型。

银河系中漂亮的星团

银河星团的分类

银河星团的分类大都采用瑞士天方学家特朗普勒提出的方法，即根据赫罗图的形状把银河星团分为三类，每类又分为几小类型。第一类只有主序星；第二类除主序星外还有一些黄色和红色的巨星；第三类有很多黄色和红色的巨星。苏联天文学家马卡良建议按星团中光谱型最早的恒星的光谱型分为 O 星团、B 星团和 A 星团。

银河系次系

"分门别类"的星星

银河系由许多次系组成，各个次系在空间分布、空间运动和物理特性方面都有区别。银河系次系可分为三类：第一类是扁平次系，例如经典造父变星扁平次系和银河星团次系等，它们高度集聚于银道面两旁，形成扁平状的系统；第二类是球状次系，它们以银河系中心为集聚点，形成球状系统；第三类是中介次系，介于扁平次系与球状次系之间，如新星次系和白矮星次系等。

大麦哲伦云(上图)和小麦哲伦云（下图）

银河系中大量天体组成各种星族

星族

"天体家族"

星族是银河系(以及其他星系)内大量天体组成的某种集合。这些天体的年龄、化学组成、空间分布和运动特性等方面十分接近。银河系所有天体分为五个星族：晕星族(极端星族Ⅱ)、中介星族Ⅱ、盘星族、中介星族Ⅰ(较老星族)、旋臂星族(极端星族Ⅰ)。五个星族中，晕星族最老，然后依次是中介星族Ⅱ、盘星族、中介星族Ⅰ和旋臂星族。一般较老的星族所含的重元素百分比要比年轻星族的低。

银河系子系

同类次系的结合

银河系的同类次系的总和称为银河系子系。各个扁平次系构成一个扁平子系，各个中介次系构成一个中介子系，各个球状次系构成一个球状子系。这样，银河系就是由三个子系套迭而成的。子系及次系，都是同星族相平行的概念。

弥漫在星际间的星云

麦哲伦云

云雾状的天体

麦哲伦云是矮星系，它是大麦哲伦和小麦哲伦云的合称。麦哲伦云是银河系的两个伴星系，在北纬20°以南的地区升出地平面。两个云在天球的相距约20°。麦哲伦云中的气体含量丰富，中性氢质量分别占它们总质量的9%和32%，都比银河系的高得多。这表明它们的演化程度不如银河系高。但它们的星际尘埃含量比银河系中的少，而年轻星族Ⅰ的天体则很多，有大量的高光度O—B型星。

麦哲伦云的演化

麦哲伦云最后的命运

麦哲伦云是南天银河附近两个肉眼清晰可见的云雾状天体，它围绕着银河系的轨道每15亿年转一圈。科学家们经过观测得知：每到离银河系较近时，麦哲伦云的恒星和气体都会在银河系引力作用下发生变化，银河系的引力作用使得星系不断发生变化。小麦哲伦云现在已经被撕裂开，它的恒星最终将成为银河系的一部分，而大麦哲伦云最后的命运也会一样。

麦哲伦流

麦哲伦云留下的一道"尾巴"

麦哲伦云中的气体含量丰富，资料表明：大、小麦哲伦云有一个公共的氢云包层，两云之间的中性氢纤维状结构，一直伸展到南银极天区，横跨半个天球，称为麦哲伦气流。它们和银河系有物理联系，三者构成一个三重星系。麦哲伦流是麦哲伦云受到银河系的重力作用而留在椭圆形轨道上的一道绵长的气尾。据天文学家观测得知，麦哲伦流周围还环绕着高速气体云。

麦哲伦

费尔南多·麦哲伦（约1480～1521），葡萄牙著名航海家和探险家，他在天文学上也做出了贡献，他在1521年环球航行时，首次对麦哲伦云作了精确描述，后来就以他的姓氏命名。大云叫大麦哲伦云，简称大麦云；小云叫小麦哲伦云，简称小麦云，合称麦哲伦云。

麦哲伦

· DIY 实验室 ·

实验：模糊的银河

准备材料：1支铅笔、1张白纸

实验步骤：用1支铅笔在白纸上小心地戳出20个相毗邻的洞；把这张纸贴在黑板上或者贴在深颜色的墙上；走到房间的另一端看到这张纸。从房间的远处看来，我们会看到一条模糊的黑带而不是一个个清晰的洞。

原理说明：小洞因为距离而显得模糊，20个小洞形成了带状。从地球上看遥远的相邻的星星，就会发现许多星星紧挨在一起，形成了我们的银河系。

· 智慧方舟 ·

填空：

1.最老的星族是_____。

2.银河系的四条旋臂分别是_____、_____、_____、_____。

选择：

1.太阳系位于哪条旋臂上？

　A.人马臂　B.猎户臂　C.英仙臂　D.3 000秒差距臂

2.银河系中心厚度是多少？

　A.2 000～3 000光年　B.5 000～6 000光年　C.30 000光年　D.13 000～16 000光年

3.蟹状星云属于哪种银河射电？

　A.星际非热射电　B.超新星遗迹射电　C.射电星射电　D.星际分子谱线射电

河外星系

星系的形状

1. 准备一些不同颜色的画笔和一张纸;

2. 按照你的想像或者你以前见到过的各种星系图形, 逐个画出来;

3. 找一找资料, 看能补上几种形状的星系, 将它们也画出来;

4. 比较一下它们的不同之处有那些。

想一想 为什么星系有这么多的形状,这些星系是怎么分类的?

由恒星、尘埃和气体组成的最大集团叫作星系(galaxies)。一个典型的星系包含有大约 1 000 亿颗恒星, 直径可能为 10 万光年左右。星系是构成宇宙的基本单位, 宇宙中有 1 000 亿到 11 万亿个星系。这些星系稀疏地分布于宇宙之中。大多数星系都是螺旋形的。现在已经知道人类探测能力所及的范围里有数以亿计的星系, 它们都属于与银河系相同等级的物质结构。星系之间距离十分遥远。

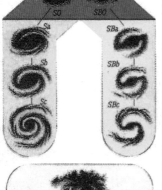

星系分类表

星系的分类

哈勃分类系统

在多种星系分类系统中, 天文学家哈勃于1925年提出的分类系统是应用得最广泛的一种。哈勃根据星系的形态把它们分成三大类:椭圆星系、旋涡星系和不规则星系。椭圆星系分为七种类型, 按星系椭圆的扁率从小到大分别用 E0—E7 表示, 最大值7是任意确定的。旋涡星系分为两族:棒旋星系和正常旋涡星系。不规则星系没有一定的形状, 用 Irr 表示。另有透镜型星系是介于椭圆星系和旋涡星系之间的过渡阶段的星系。

星系核

宁静的中心

星系核是一个星系的核心部分, 大多数星系都有很密集的中心部分。以辐射压和引力相平衡等为依据, 可以推知星系核的质量约为 10^8 个以上太阳质量。星系核中包含恒星以及电离气体、磁场和高能粒子。正常星系核, 通常是"宁静"的。核有明显活动的星系占星系总数的 $1\% \sim 5\%$。核活动最强的星系是类星体。星系核的活动期估计为 $10^5 \sim 10^7$ 年。

活动星系中心核的构想图

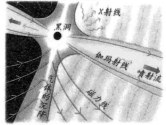

星系盘

规则星系的最常见形态

星系盘是规则星系中具有盘状结构的组成部分。规则星系的最常见的形态是一具盘加一个中心核球。这种类型的星系(旋涡星系和棒旋星系)的典型星系盘, 直径为 $10^4 \sim 10^5$ 光年, 厚度为 10^3 光年, 质量约为 $10^9 \sim 10^{11}$ 个太阳质量。星系盘的旋涡形式大部分是双旋臂的。星系盘绕着垂直于它的中心轴做较差自转。盘中还有大量的气体、暗云和尘埃, 亮度随离中心距离增加而减小。

星系的分布

均匀的空间分布

由于银道面附近强烈的星际消光作用，在银纬的 ±20° 范围内，几乎完全观测不到星系，那里形成一条很明显的星系空缺带，称为隐带。离银河系越远星系出现得越多。还有 50 个左右近距星系群和星系团，共同组成了一个本超星系团。这个集团的中心在室女星系团方向。不过对更暗弱的星系团计数表明，除了较小范围内分布不均匀外，就更大尺度宇宙空间而言，星系的空间分布是均匀的。

距离地球最近的星系是仙女座星系，而最远的星系则距地球 134 亿光年。

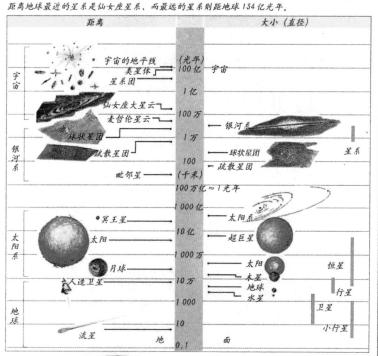

星系冕

弥漫的重量级物质

星系冕是环绕在星系可见部分以外的一个广延的大质量包层。星系冕的尺度非常巨大，平均约几十万秒差距，有的甚至达到百万秒差距。星系的质量和光度越大，它的冕的质量也越大。银河系的冕，质量约 10^{12} 太阳质量，而巨椭圆星系的冕的质量，比这还要大 10～30 倍。星系冕的发现使我们认识到，宇宙物质有大部分可能是处于不可见的弥漫态，形成为星系或恒星的，只是它的小部分。因此，星系冕在星系的起源和演化的研究中占有比较重要的地位。

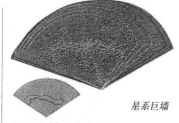

星系巨墙

星系的质光比

估算星系质量的比率

星系质量和光度的比值，通常以太阳质量和太阳光度为单位。通过双重星系的观测，可求出各种类型星系质光比。计算质光比，必须知道星的距离，这往往与哈勃常数 H 密切相关。所以，要先明确 H 值的大小。当等于 50 千米／秒·百万秒差距，旋涡星系的质光比 $M/L \approx 2\sim15$，椭圆星系的 $M/L \approx 50\sim100$。这样就能估计星系的质量。

旋涡星系

有着螺线状手臂的旋涡

旋涡星系是具有旋涡结构的河外星系，在哈勃的星系分类中用 S 代表。旋涡星系的中心区域为透镜状，周围围绕着扁平的圆盘。从隆起的核球两端延伸出若干条螺线状旋臂，叠加在星系盘上。旋涡星系可分为正常旋涡星系和棒旋涡星系两种。正常旋涡星系从侧面看在主平面上呈现为一条窄的尘埃带，有明显的消光现象。旋涡星系通常有一个晕，叫星系晕。旋涡星系的质量为 10 亿到 1 万亿个太阳质量，对应的光度是绝对星等 -15～-21 等。直径范围是 5～50 千秒差距。

棒旋星系

旋涡星系 NGC598

椭圆星系
橄榄状的结构

椭圆星系是另外一种主要的星系类型。它们不像旋涡星系那样，具有由恒星构成的扁盘结构。椭圆星系当中的恒星几乎成球形散布，有时则鼓突成椭圆体。由于椭圆星系没有旋臂那样的复杂结构外观，因此它们彼此都很相似。椭圆星系的数量和旋涡星系差不多，而大型椭圆星系当中所包含的恒星数目可以和最大的旋涡星系一般多，甚至更多。椭圆星系几乎不含星际气体与尘埃，星系中的恒星全都绕中心运动，但不全在同一个平面上。

图中间为椭圆星系 NGC5090，右下方为旋涡星系 NGC5091。

棒旋星系
大质量的棒状旋转体

棒旋星系是一种有棒状结构贯穿星系核的旋涡星系。在星系的分类中，以符号SB表示，以便与正常旋涡星系S相区别。棒旋星系在很多方面，都和正常旋涡星系相似。按照哈勃的分类法和沃库勒的分类法，棒旋星系可分为三类：正常棒旋星系、透镜型棒旋星系、不规则棒旋星系。棒旋星系的核心常为一个大质量的快速旋转体，运动状态和空间结构十分复杂。棒状结构内部和附近的气体及恒星都是非圆周运动。星系盘在星系的外部似乎居主要地位，占星系质量的很大一部分。

正常旋涡星系
内老外嫩的结构

正常旋涡星系在大小方面，从仙女座星系那样的巨星系到只有它十分之一大小的矮星系等都有。旋涡星系的形状也各不相同，有些有三个、四个或更多的旋臂，有些只有两个。但是，它们也有一些共同的特征，所有的旋涡星系中心都有一个致密的旋涡核和盘子形状的圆盘，以及围绕在核周围的尘埃，还有由很紧密的恒星团组成的旋臂。星系圆盘的厚度大约是它直径的1%。在核中的恒星年龄较老，从星系生成的早期算起，至少有100亿年，在圆盘中的恒星年纪较轻，只有几百万年。

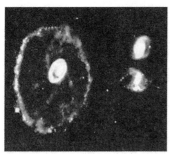

车轮星系 AM0035-340

秒差距
测量宇宙距离的单位

秒差距是量度天体距离的单位，缩写为pc，主要用于太阳系以外。天体的周年视差为1″，其距离即为1秒差距。Parsec是parallax（视差）和second（秒）两字的缩写合成的。更长的距离单位有千秒差距kpc和百万秒差距Mpc。1秒差距=3.2616光年 = 206,265 天文单位 =3.08568 × 10^{11} 千米。

透镜星系
明亮的草帽

透镜星系是类似于凸透镜的星系，也叫草帽星系。它有很突出的尘埃带、明亮的银晕和球状星团。草帽星系的中心一定有很高能量的天体存在，因为它不但在可见光波段很明亮，而且在X射线波段也极为明亮，让许多天文学家猜测草帽星系的中心有黑洞存在，这个黑洞的质量可能有我们太阳的10亿倍。草帽星系在黄道星座室女座（Virgo）之内，距离我们5 500万光年，用小型望远镜就能看到它。

车轮星系
辐辏状的星系

车轮星系是一种外观和车轮非常相似的星系，其壮观的外貌是由两个旋涡星系碰撞所造成，车轮星系位于御夫座的范围内，距离地球5亿光年。拥有环状犹如车轮般的外围及牛眼状的核心，它的外围由大量的灰尘及气体所组成。经过长时间的扩散及组合，在宽达15万光年的内径中，诞生了至少数十亿颗新星，且更以每小时数十万千米的速度向外扩散，这种现象就好像是在一个宁静的湖泊中投下一颗巨石，水波向四周扩散的现象一样。

触角星系
碰撞后形成的触角

触角星系是由两个正在碰撞的星系所形成，因在合并中形成细长触角状的气体流，犹如昆虫的触角，故而得名。当星系碰撞时，其中的某一星系中巨大的重力（引力作用）能将另一个"撕开"。数百万年后，这些恒星的"爆发"产生数以千计的超新星的残余，形成数百万摄氏度的"泡沫"状气体，并最终形成约5 000光年直径的"超级磁泡"。除了"超级磁泡"外，触角星系还拥有许多明亮的"点状源"——中子星、黑洞的存在。

星系碰撞
两个星系的零接触

星系之间存在着巨大的空间，虽然发生碰撞的概率非常低，但还是有一些星系处于不断碰撞之中。这些碰撞星系由于受到重力效应而瓦解。大约经过10亿年的时间可以熔合成较大的星系。碰撞的两个星系中，一个星系会慢慢地把对方撕开，产生许多由物质所聚成的潮峰、被震波压缩成片状的气体、黝黑的尘埃带、诞生的新星体和一群被遗弃的恒星。

星系碰撞过程示意图

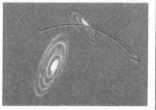

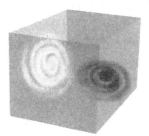

触角星系的形成过程

10亿年前两个星系逐渐靠近。

9亿年前两个星系开始撞到一起。

6亿年前当两个星系旋转在一起时,他们开始扭曲。

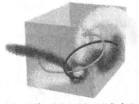

3亿年前,旋臂上的恒星被抛离两个星系。

今天,两条被抛出的恒星带延伸至比原来星系远得多的地方。

特殊星系
宇宙间的另类

特殊星系是指形态和结构都不同于正常星系的河外星系。这类星系同暗一些的背景星系相比较,它们有一个很亮的致密核,都有核心区爆发遗留下来的痕迹。致密核不仅有高光度,而且有很强的射电、红外和X辐射。星系核活动期间会有数次乃至十几次爆发,在整个活动期间,所释放的总能量比银河系整个生命期间释放的还多。特殊星系可分为:塞佛特星系、蝎虎座BL型天体、射电星系等。许多星系表现出剧烈的活动变化,这样的星系又称为活动星系。

塞佛特星系
特殊的"微类星体"

1943年,美国天文学家塞佛特发现了一种星系核有强烈活动的旋涡星系,故有此名。其主要特征是:有一个小而亮的恒星状核,核的光谱显示有很宽而且是高激发、高电离的气体发射线和多种禁线,这是正常星系的光谱中看不到的;有较强的光度和很蓝的连续谱。塞佛特星系可分为两类:Ⅰ型塞佛特星系和Ⅱ型塞佛特星系。Ⅰ型的光谱与类星体的很相似,最暗的类星体常常在最亮的塞佛特星系光谱内,因此人们常把塞佛特星系称为"微类星体"。

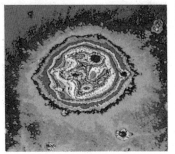

人工处理过的不规则星系图

射电星系
超强的电波辐射

天文学家称那些每秒在电波波段辐射的能量相当于(或大于)可见光波段的星系为"射电星系"。而银河系每秒钟在电波波段辐射的能量只有可见光波段的百万分之一左右。射电星系能够发射巨量的电波光子,显然是因为其内部剧烈的活动。大多数射电星系的电波辐射来自同步辐射过程。一定条件下,当带电粒子以近光速在磁场中运动,因为加速而产生光子,同时具备特殊的谱形分布,以致虽在亿万秒差距之外也能辨认得出。

塞佛特星系

电波瓣

哑铃状高能粒子流

"波瓣"通常是指"射电波瓣"。它一般位于射电星系的两侧，呈哑铃状，通常比星系大，一些被星系核心射出来的高能带电粒子组成的，是弥漫的射电辐射区域。其形成的原因是射电星系核心的喷流撞击星系际介质。通常喷流是由于物质在黑洞附近被磁场准直加速所形成的。而电波瓣则主要是因为电射波量变内部的激烈活动形成的。这种电波辐射通常是由巨大椭圆星系的核心所发出的，部分是来自星系的合并过程。

射电星系和电波瓣

蝎虎座 BL 型天体

没有线光谱的天体

蝎虎 BL 型天体是一类不规则星系，具有辐射变化快速、红外亮度高等特点。蝎虎座 BL 型天体因蝎虎座 BL 得名。1929 年发现蝎虎座 BL 是一个光变不规则、光谱中只有连续谱没有线光谱的特殊天体。当时认为它是变星，1968 年证实是射电源 VRO42.22。

星系的演化

星系的生命循环

星系有一个生老病死的演化过程。目前最流行的想法是：星系的演化由星系的碰撞与相互吞食所主控。小星系的运动会带走星系之间的星际物质云气，椭圆星系可能是小星系碰撞后粘在一起的产物，旋涡星系可能是由好些个星系的交互作用，吞食、掠夺其他星系的星球与云气，逐渐增大形成的。

星系团和星系群

星系大家庭

星系一般不单独存在，有成团的倾向。星系在自成独立系统的同时，以一个成员星系的身份参加星系团的活动。超过100个星系的天体系统称作"星系团"，100个以下的称为"星系群"。本星系群是以银河系为中心，半径约为百万秒差距的空间内的星系之总称。也有人把体星系群中心定义的银河系和仙女星系的公共重心。

· DIY 实验室 ·

实验：弯曲的光线

准备材料：手电筒、矿泉水瓶、水、塑料管、茶杯、黑布

实验步骤：将矿泉水瓶盖打孔，穿过塑料管，用橡皮泥封严实；将水注满水瓶，拧紧盖子，用黑布包好；把塑料管的另一端放在茶杯里，用力捏瓶子，使塑料管充满水，并流到茶杯里一些；将手电筒对准矿泉水瓶底，打开开关；软管里的水将光线"扭曲"着传到了茶杯处。

原理说明：光线的传播的道路不一定是直线的，经过折射，它可以绕弯到达一些地方。同理，宇宙中的分布着密密麻麻的各类天体，到达我们眼中的光线，往往也都是从一些不能直接看到的空间传过来的。

· 智慧方舟 ·

填空：

1. 现在最流行的分类系统是_____。

2. 星系核的活动周期大约是_____。

3. 银河系的星系冕重达_____。

4. 棒旋星系可分为_____、_____、_____三种。

5. 电波瓣外观上呈_____。

6. 蝎虎座 BL 型天体是一种没有_____的天体。

7. 超过100个星系的天体系统称作_____，100个以下的称为_____。

8. 塞佛特星系又被称为_____。

9. 蝎虎座 BL 型天体具有_____、_____等特点。

恒星

了解绝对星等和视星等

1. 准备两个亮度相同的手电筒，在黑暗的屋子里将它们打开，并排放在一起，站在正前方的远处，观察光线的不同；

2. 将其中一个手电筒往前挪一挪，再站回原地，再观察光线的不同；

3. 将其中的一个换成瓦数大一点的手电筒，再将它们并排放在一起，退到原来的地方并观察；

4. 调整一下两个手电筒的位置，看是否能站在原来的位置，再看到相同的亮度。

想一想 恒星的视星等和绝对星等有什么关系，和恒星与地球的距离又有什么关系？

恒星，是指宇宙中靠核聚变产生的能量而自身能发热发光的气态星体，也是已知宇宙中最基本的天体。离我们地球最近的恒星是太阳。过去天文学家以为恒星的位置是永恒不变的，故以此为名。但事实上，恒星也会按照一定的轨迹，围绕着其所属的星系的中心而旋转。恒星是星系中最基本的成员。恒星的质量不尽相同，可能是处在不同的年龄与演化阶段。天文学家根据观测的结果，再加上理论的计算，构造出恒星演化的理论。

恒星的特性

不可想像的高温高压

和我们的太阳一样，大多恒星内部具有不可想像的高温、高压、超密态，有些恒星有超强磁场和强辐射等许多极端的物理特性。恒星不都是孤立的，有的两颗在一起组成双星，甚至成千上万颗在一起组成星团。恒星之间不是真空，而是充满了星际气体、尘埃、粒子流、宇宙线和星际磁场等。这些物质的分布是不均匀的。有的地方气体和尘埃比较密集，形成各种各样的云雾状天体，这就是星云。

星际物质

恒星诞生的原料

星际物质是星际间的稀疏物质，主要由氢、氦、尘埃组成。质量和体积巨大的恒星，其诞生的基础是巨大的分子云。而能诞生恒星的巨大分子云，又是由几近真空的星际物质，历经漫长的时间缓慢聚集而成。宇宙间的分子云，体积庞大，温度在零下数百度到数百度之间，平均约在 $-173℃$ 左右。经分析星际星云的吸收光谱得知，星云90%的成分是原子或分子氢，9%为氦，剩下的为较重的元素、分子与星际尘埃。

恒星从星云中诞生

恒星和星际物质

恒星诞生的机制
必不可少的外力

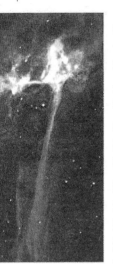

恒星诞生是一个漫长复杂的过程。星际物质受重力的吸引，慢慢地聚集在一起，同时温度也渐渐升高。温度越高，原子与分子运动的速率也越快，这种倾向抗衡了重力坍缩的继续进行，有时甚至可能把星云打散。星云不可能经由自发性的重力坍缩而变成恒星，可能需要借助外部的作用，如超新星爆炸产生的巨大震波、恒星风等推挤周围的星际物质使之成为物质密度较高的球壳。云气在坍缩成为恒星的前一状态，称为原恒星，也叫星胎。

茧状物
恒星诞生的观测证据

茧状物是一种红外线光源。年轻的星胎通常是看不见的，都被一层称为茧状物的云气与星际尘埃所包围着，而此茧状云气受到星胎的加热会放出红外线，最终当星胎的温度够热时，茧状物将被吹走。第一颗被发现的金牛座变星T，最初以为是年轻的变星，现在一般相信这类型的星是原恒星演化的最后阶段，正在清除它们的茧状物。正在发生这一现象的典型区域是M16的恒星诞生区、M42的恒星诞生区。

Herbig–Haro 星体
双极流

原恒星演化过程所产生的双极流，高速冲入周围的云气，并激发云气中的物质放出电磁辐射，成为亮度不规则变化的小星云。这类光度闪烁不定的小星云，常称为Herbig–Haro星体，所发出的辐射大都在可见光、红外线与无线电波段。当气体掉入恒星的吸积盘面时，会拉拽着磁场，进而在旋转轴的两端产生喷流，而喷流与周围云气相撞，发出不规则的辐射，形成Herbig–Haro星体的外观特征。

恒星在星云中诞生。

原行星盘
原始恒星的环带

原行星盘是恒星形成之初，环绕在原恒星周围的圆盘状物质，这些物质最终形成后来的行星。原始分子云中的尘埃会因碰撞、沾粘而形成较小的岩石，小岩石再逐渐聚集形成原行星盘，再经过数千年后，才逐渐形成成熟的行星。行星形成的过程中，微行星一开始的碰撞速度并不高，所以相互碰撞的物体易于合并成一个较大的物体。行星正在形成的地方，这种小天体加速毁灭成为灰尘的几率越高，此区域的温度也会越高。

M42 中的原行星盘

恒星的空间运动

切向速度和视向速度

恒星的空间运动速度可分成两种：与视线方向相垂直的称为切向速度，与视线方向一致的称视向速度。视向速度又分为向太阳而来和远离太阳而去两种。恒星在天球背景上每年移动的角距，称为恒星的自行。每颗恒星都有自己运动的方向，它们速度极大（每秒成百上千千米）且各有区别。

恒星的自行运动和视线速度

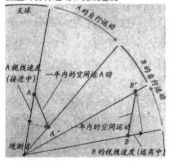

恒星的稳定

重力压与辐射压

恒星的稳定依赖流体静态平衡——重力压与辐射压在星球的内部保持平衡，来维持稳定。从流体静态平衡，我们可了解到星球的内部因不同的深度有不同的重力，所以在星球内部不同的深度必须有不同的温度，才能产生相对应的辐射压与重力相抗衡。星球内部每一层所受的重力压与辐射压都会达成平衡。恒星的质量是所有球壳质量的总和，而恒星所辐射的能量为每一壳层所产生能量的总和。

恒星模型与内部结构

恒星的三层式结构

恒星的理论模型是利用计算机对恒星做仿真，来计算与推测恒星的内部物质分布、温度分布、光度分布、能量向外传输方式等各种性质的理论模型。恒星理论计算把恒星分成许多具有相同厚度的同心球壳，并以基本假设为计算的基础。恒星的内部结构，只能靠理论模型来推测。

恒星内部结构模型

恒星的分类

以温度和光线划分

恒星按光度分类：表面温度（光谱分类）相同的恒星，光谱线的线宽随恒星变小（密度增加）而加宽（碰撞加宽）；发光强度与恒星大小的平方成正比，故在同一光谱型态的恒星，可以依光度再细分。天文学家一般采用恒星的光谱分类与光度分类，来标示一颗恒星。例：太阳的标示为G2V，"G"代表太阳的光谱分类，"2"代表太阳的表面温度，"V"代表太阳为主序星。

恒星的生命期

恒星的一生

恒星处在主序星年代，约占总生命期的90%。依据爱因斯坦的理论，可产生的能量约为$E=Mc^2$，则主序星的生命期(t)＝燃料(M)／消耗速率(L)。太阳的主序星生命期约为100亿年。

下表为根据太阳的特性所算出的各种主序星的生命期，并附列其他重要性质作为参考。

主序星的一些性质

光谱型态	表面温度（℃）	质量（M/Msun）	发光能力（L/Lsun）	半径（R/Rsun）	主序生命期（亿年）	生命区（AU天文单位）
O5	44 700	60.0	800 000	12	0.008	503～1749
B5	15 100	6.0	830	4.0	0.7	16.2～56.3
A5	7 800	2.0	40	1.7	5	3.6～12.4
F5	6 200	1.3	17	1.3	8	2.3～8.1
G5	5 500	0.92	0.79	0.92	120	0.5～1.7
K5	4 300	0.67	0.15	0.72	450	0.2～0.8
M5	2 900	0.21	0.011	0.27	20 000	0.06～0.2

恒星的光

来自内部的电磁辐射

星光(或称电磁辐射)是天体内部核反应的产物，或是带电电荷加速运动所发出的辐射。天体所发射出来的电磁辐射，和它们的表面温度有很密切的关系。它所发射电磁波的波长与强度大小，与物体的表面温度高低有关。物体单位时间(sec)之内从物体表面的单位面积(m^2)所辐射出的能量与物体的表面温度的四次方成正比。实际上只有黑体的辐射曲线符合此方程式。一般假设来自恒星的辐射也具有黑体辐射的特性。

星等

发光强度

恒星的光度(天体每秒由其表面所辐射出的总能量)，有时又称发光强度、发光能力或发光本领，计量的单位是瓦。恒星亮度与恒星的距离平方成反比关系，常称为距离平方反比定律，故计算恒星的光度时，要先知道其亮度与距离。视星等代表以主观视觉观察的恒星亮度，完全忽略了恒星远近这个重要因素。将恒星都移到距地球10pc处，此时所得的亮度称为绝对星等(绝对亮度)，可量度恒星真正的"发光能力"。

恒星光谱与恒星的颜色有关。

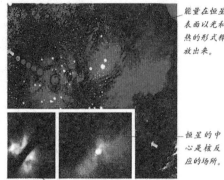

能量在恒星表面以光和热的形式释放出来。

恒星的中心是核反应的场所。

核心释放的能量通过对流和辐射向外传递。

光谱分析

谱型和光度

20世纪初，美国哈佛大学天文台已经对50万颗恒星进行了光谱研究，并对恒星光谱根据它们中谱线出现的情况进行了分类。结果发现它们与颜色也有关系，丹麦天文学家赫茨普龙和美国天文学家罗素，根据恒星光的主要类型的谱型和光度的关系，建立了赫罗图。

光谱型

以温度做标准

光谱型是一个恒星表面温度序列，从数万度的 O 型到 2 000℃~3 000℃的 M 型。在恒星的光谱分类中，O、B、A 型称为"早型星"；F 和 G 型称"中间光谱型"；K 和 M 型称为"晚型星"。20世纪90年代末期，天文学家越过 M 型把恒星光谱分类扩展到温度更低的情况，提出了新的 L 型，以及比 L 型温度更低的 T 型。

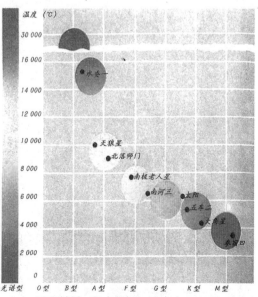

温度 (℃)
30 000
16 000
14 000
12 000
10 000
8 000
6 000
4 000
2 000
0

光谱型   O 型 B 型 A 型 F 型 G 型 K 型 M 型

水委一
天狼星
北落师门
南极老人星
南河三　太阳
五车二
大角星
参宿四

星星的颜色、温度和光谱型 (黑点部分为具体举出的实例)

赫罗图

恒星的演变图

赫罗图是以恒星的表面温度(或光谱型态)为横轴、光度(或绝对星等)为纵轴的恒星生态图,最初由赫茨普龙和罗素先后提出,因而被命名为赫罗图。大部分恒星分布在从图的左上到右下的对角线上,叫主序星,都是矮星。其他还有超巨星、亮巨星、巨星、亚巨星、亚矮星和白矮星等类型,而这一不同类型表示了它们有不同的光度。赫罗图是研究恒星的重要手段之一。它不仅显示了各类恒星的特点,同时也反映恒星的演化过程。

主序星

恒星的青壮年时期

主序星是指邻近太阳和银河星团的恒星,绝大多数都分布在赫罗图上从左上角到右下角的狭窄带内,形成一个明显的序列。主序星的光

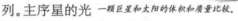

一颗巨星和太阳的体积和质量比较。

谱从O到M型都有,光度随表面温度的增高而增大,质量可相当于太阳质量的百分之几到几十倍。能量来源一般为氢聚变为氦的反应。这是恒星演化的中期阶段,恒星在这一阶段停留的时间也最长。主序星寿命的长短,主要看其消耗氢的快慢。

巨星

中年的胖子星

巨星是指在相同光谱型下,光度比矮星强,比超巨星弱,体积比矮星大,比超巨星小的恒星。它们在赫罗图上位于主序星和最上方的超巨星之间。由于主序星中心区的氢不断进行聚变反应,恒星的体积逐渐增大。表面积增大后,辐射能的增加赶不上表面积的增大,恒星表面的温度降低。由于表面积增大,恒星光度增加。于是,恒星就离开了赫罗图主序星的位置,向右上方移动。巨星有很多种颜色,其中以红巨星居多。

红巨星

红色的大个儿

红巨星是呈现出红色的巨星。称它为"红"巨星,是因为在这恒星迅速膨胀的同时,它的外表面离中心越来越远,所以温度随之而降低,发出的光也就越来越偏红。不过,虽然温度降低了一些,可红巨星的体积是如此之大,它的光度也变得很大,极为明亮。肉眼看到的最亮的星中,许多都是红巨星。在赫罗图中,红巨星分布在主星序区的右上方的一个相当密集的区域内,差不多呈水平走向。

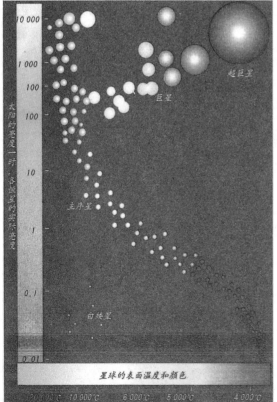

赫罗图是研究恒星的重要手段。

超新星

创造星云的恒星

超新星是一颗恒星在其生命最终阶段的一次大爆炸，当中释放出大量能量，以致天球上好像突然出现了一颗"新"星。超新星不同于新星，虽然新星爆炸都会令一颗星的光度突然增加，但是程度比较小，而且发生的机制不一样。超新星爆炸使恒星的外层气体散开，令周围的空间充满了氢、氦及其他元素，这些尘埃和气体最终会组成星际云。爆炸所产生的冲击波也会压缩附近的星际云，引起太阳星云的产生。

新星

能爆发的恒星

新星是能爆发的恒星。爆发时，光度能暂时上升到原来正常光度的数千乃至10万倍。在爆发后的几个小时内，新星的光度就能达到极大，并在数天内（有时在数周内）一直保持很亮，随后又缓慢地恢复到原来的亮度。能变成新星的恒星在爆发前一般都很暗，肉眼看不到。然而，光度的突增有时会使它们在夜空中很容易被看到，这种天体就好像是新诞生的恒星。多数新星都存在于两颗子星彼此靠得很近并互相绕转的双星系中。

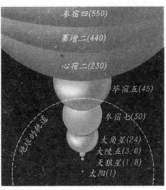

恒星的大小比较

新星爆发

密近双星的系统由两颗年龄不同的子星构成，一颗是红巨星，一颗是白矮星。在某些情况下，红巨星会膨胀到子星的引力范围以内。这样，引力场很强的白矮星就会把红巨星外层大气物质吸附到自己表面。这种物质在白矮星表面积累到一定程度以后，就会发生核爆炸，爆炸后，白矮星又恢复平静，但引起的过程则一直重复下去。结果是再过若干年又会触发新的爆发。

恒星的演变过程

超新星爆发后，恒星的一小部分会残留下来，它旋转得很快，人们叫它脉冲星（中子星），它仍旧能发光。

有的红巨星会形成巨大的超巨星

一颗巨大的恒星爆发时，会伴随巨大的爆炸，人们把这叫做超新星爆发。

有时，超新星爆发后会产生黑洞，它能把附近所有的东西都吸卷进去。

剩下的是死掉的核，叫作白矮星。它慢慢地冷却下来，逐渐变得暗淡。

几百万年后，恒星就只是一个又冷又黑的球体了。

一颗恒星会闪耀几十亿年。

然后，它会膨胀成一颗大红巨星，人们叫它红巨星。

恒星外面的几层会逃逸到太空里。

白矮星

恒星中的"老爷爷"

白矮星是光度暗弱并处于演化末期的中低质量恒星。之所以称为白矮星是因为开始发现的几颗都呈白色。其特征是光度低，质量与太阳属同级，半径则与地球相当。白矮星的平均密度接近水的100万倍。白矮星辐射入星际空间的能量便由构成核的非简并离子的剩余热能提供。这种能量缓慢地穿过不透明的恒星包层向外扩散，白矮星也缓慢地冷却下来。当这种能量枯竭时，白矮星就停止辐射并到达演化的终点。

白矮星的结构

标准的半径与质量比

质量一定的白矮星有唯一同它对应的半径：质量越大，半径越小。白矮星有一质量极限，超过这一极限将不存在稳定的白矮星。典型白矮星的核心区是由碳氧混合物构成的。在核心的外围是一个氦的薄包层，在大多数情况下还有一更薄的氢层。天文观测只能看到恒星的最外层。白矮星是从初始为3～4个太阳质量（可能还大）的恒星演化而来的。白矮星因已耗尽它们的核燃料而再也没有核能源了。它们密实的结构也抵住了进一步的引力坍缩。

脉冲星

强烈的电磁辐射脉冲

脉冲星是体积很小、密度很大的星体，又称为中子星，它们小到直径仅有20千米。当这些星体旋转时，我们可以探测到它们所发射的有规律的周期性电磁辐射脉冲。有些脉冲星旋转得非常快，最高可达每秒1 000转。自1967年发现第一颗脉冲星起，已有1 000多颗脉冲星被发现并编入目录。现据估计，在我们所属的星系——银河系中，可能有多达100万颗脉冲星。脉冲星是一种趋近衰亡边缘的恒星。

中子星的结构

外固内液

中子星有强磁场，典型中子星的外层为固体外壳，厚约1千米，密度高达每立方厘米1亿千克以上，由各种原子核组成的点阵结构和简并的自由电子气组成。外壳内是一层主要中子组成的流体，在这层还有少量的质子、电子和m介子。中子星的质量下限约为0.1太阳质量，上限在1.5～2太阳质量之间。中子星半径的典型值约为10千米。根据李政道等提出的反常核态理论，可能存在稳定的反常中子星，其极大质量约为3.2太阳质量。

脉冲星

爱因斯坦

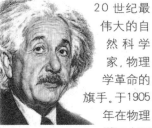

阿尔伯特·爱因斯坦（1879～1955），20世纪最伟大的自然科学家，物理学革命的旗手。于1905年在物理学三个不同领域中取得了历史性成就，特别是狭义相对论的建立和光量子论的提出，推动了物理学理论的革命；于1915年最后建立了广义相对论。他所作的光线经过太阳引力场要弯曲的预言，于1919年由日全食观测结果所证实，全世界为之轰动。他曾建议研制原子弹，但主张和平，反对滥用核武器。

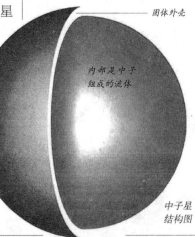

固体外壳

内部是中子组成的流体

中子星结构图

相对论

宇宙空间的法则

爱因斯坦创立的有关时间与空间的理论，分为狭义相对论和广义相对论。相对论理论和量子力学理论是现代物理学的两大基本支柱。相对论确定了光的运动速度是一个常数，即每秒299 792.458米，没有任何物体和信息的速度可以超过光速。对于相对距离相当大的两个地点，一个事件的信息以光速传播到两地的时间不同，所以对两个相对距离很大的地点，时间不是绝对的，是相对不同的。

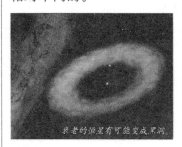
衰老的恒星有可能变成黑洞

黑洞

看不见的引力场

"黑洞"是超级致密天体。它体积趋向于零而密度无穷大，由于具有强大的吸引力，物体只要进入离这个点一定距离的范围内，就会被吸收掉，连光线也不例外。也就是说，没有任何信号能从这个范围内传出，因此这个范围的界限被称作视界，里面的情形人类无法看到。黑洞吸进物质时发射出X射线。

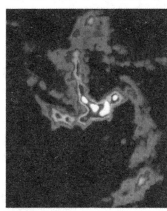

据分析，人马座 A* 是个超大的黑洞。

寻找黑洞

强大的引力场下空间会发生弯曲，于是光线的路径也就发生了弯曲。当我们观察一颗星 A 时，如果在我们和 A 之间有一个大质量物体（如黑洞）存在，空间光线就会发生弯曲，会聚。我们就会看到两个星星 A 的像：一个是"初像"，比较明亮，一个是"次像"，暗淡一些。这样，由于强大的引力场所产生的类似于光学透镜的会聚光线的现象就是引力透镜现象。这是一种比较有效的，也几乎是唯一的能在我们的银河系中找到黑洞的方法。

黑洞正在吸收附近的物质

白洞
黑洞的另一端

白洞是广义相对论所预言的一种与黑洞相反的特殊天体。和黑洞类似，白洞也有一个封闭的边界，聚集在白洞内部的物质，只可以经边界向外运动，而不能反向运动，就是说白洞只向外部

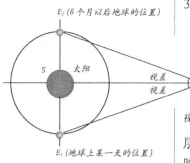

视差法

输出物质和能量。白洞是一个强引力源，其外部引力性质与黑洞相同。白洞可以把它周围的物质吸积到边界上形成物质层。有人认为，类星体的核心也有可能是一个白洞。白洞目前还是一种理论模型，尚未被观测所证实。

视差法
星距的测量

以地球和太阳间的平均距离为底线，观测恒星经过六个月间隔，相对于遥远背景的视差，以此测量遥远的天体和地球之间的距离，这种方法叫作视差法。地面有效的观测距离约为300 光年左右。在地球大气

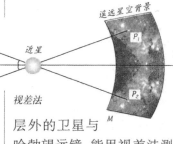

层外的卫星与哈勃望远镜，能用视差法测量更远的恒星，范围可推广到 3 000 光年。而如果天体远于这一距离，就会因为误差的原因，无法精确的测量出距地球的距离来。

钱卓极限
白矮星的质量限度

钱卓极限是解释白矮星质量上限的结论。钱卓证明：白矮星的质量不能超过约 1.4 个太阳质量。越重的白矮星体积越小，而燃尽后的重量大于 1.4 个太阳质量的恒星核将不会变成白矮星，而是变成中子星或者黑洞。中子星的质量上限则约为太阳质量的 3 倍。主序星的质量不能小于 0.08 个太阳质量，也不能大于 100 个太阳质量。

多普勒效应
从光波移动到恒星距离

由奥地利物理学家及数学家多普勒提出。辐射的波长因为光源和观测者的相对运动而产生变化。在运动的波源前面，波被压缩，波长变得较短、频率变得较高，在运动的波源后面，产生相反的效应，波长变得较长，频率变得较低。波源的速度越快，所产生的效应越大。根据光波移动的程度，可以计算出波源沿着观测方向运动的速度。所有波动现象都存在多普勒效应。恒星光谱线的位移显示恒星循着观测方向运动的速度。

多普勒

多普勒·克里斯蒂安·约翰（1803～1853），奥地利物理学家及数学家。1842年，他在文章"On the Colored Light of Double Stars"提出"多普勒效应"，因而闻名于世。多普勒的研究范围还包括光学、电磁学和天文学。他设计和改良了很多实验仪器，例如光学仪器。多普勒天才横溢，创意无限，脑里充满各种新奇的点子。虽然不是每一个构想都行得通，但往往为未来的新发现提供线索。

双星
相伴相生的天体

相距很近的两颗星体称为双星，其中较亮的星称为主星，而较暗的一颗叫作伴星。在所有的恒星中，双星或多星系统的比率超过51%。它有很多种类，如目视双星、天文测量双星、分光双星、交食双星。一般而言，经常在夜空中看到两颗星紧紧地靠在一起，这样的系统我们称之为目视双星。一般的目视双星是指这两个星球相距甚远，但彼此受重力牵引而互绕，并遵守开普勒第三定律。

天文测量双星
同质心运动的双星

有一种双星，我们只看到一颗星，但这种星的运动轨道是波浪状的。这种现象我们认为是这颗星与它旁边的暗星互绕所造成的。这样的双星系统称为天文测量双星。有时双星的其中一位成员会由于某些原因而不可见，但我们仍可凭借恒星在天空的移动情况得知伴星的存在。由于双星会绕着共同质心运行，所以假若某星有隐形伴侣，它便会以波浪形而非一般的直线运行。

光学双星

物理双星

分光双星
通过光谱分析得出的双星

如果双星系统彼此很靠近，或距离地球太远，也就是相对的视角大小，以至于无法从望远镜分辨出来。此时，通过光谱的观测，我们可以了解到这个双星系统的运动情形。主要是双星系统的互绕，会对地球有不同的相对径速度，也就造成谱线上会有光谱红移或蓝移的现象交替出现，如此即可从光谱上量出双星相对于地球的径向运动情形。径向速动曲线可推论双星周期、运动轨迹与双星质量。

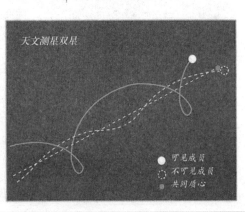

天文测星双星

可见成员
不可见成员
共同质心

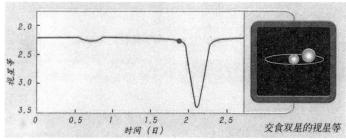

交食双星的视星等

交食双星

躲在阴影里的伴星

有些双星系统，其中一颗星会在另一颗星前经过，产生周期性的光度变化，我们称这种双星为交食双星。交食双星是变星的一种。双星系统若是侧面向着地球，我们在地球上会看到这双星系统的星球会互相遮住另一颗星的光的情形，有如可蚀的情形。

变星

忽明忽暗的亮度

变星是指亮度有起伏变化的恒星。引起恒星亮度变化的原因有几何原因（如交食、屏遮）和物理原因（如脉动、爆发）以及两者兼有（如交食加上两星间的质量交流）。还有一些恒星在光学波段的物理条件和光学波段以外的电磁辐射上也有变化，这种恒星现在也称变星。

两星间的质量交流引起恒星光度变化

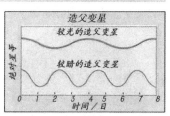

造父变星

造父变星

宇宙间的量天尺

造父变星是最重要的一类变星。它是高光度周期性的脉动变星。造父变星光变周期越长，光度越大。发现了一颗造父变星只要测出它的光变周期，利用周光关系得到平均绝对星等，再由观测到的视星等算出其离我们的距离，故造父变星有"量天尺"之称。

DIY 实验室

实验：视差测量法

准备材料：1个鲜艳的红气球、1个量角器、1支粉笔、3个凳子、100米的盒尺、透明胶

实验步骤：找一块宽阔的空地，用透明胶将气球粘在一个凳子上，将凳子放在一个比较远的距离处；再回到最初的位置，用粉笔在地面上画一道长直线，将另外两个凳子放在线的两端；分别在两个凳子旁，弯腰观察气球的位置，将视线与粉笔线成的角度量出来；用盒尺量一下粉笔线的长度，根据三角函数算出气球到两个凳子的距离；最后用盒尺量一量，看误差多大。

原理说明：这是根据中学数学的知识来计算距离的，同样适用于星距测量，只是如果被测星球距离地球太遥远时，这种三角测量法就不准确了。

智慧方舟

填空：

1. 赫罗图中，"赫"是_____，"罗"是_____。
2. 以主观视觉观察的恒星亮度为划分等级的标准，叫_____。
3. 宇宙中光度最亮的恒星是_____。
4. 中子星的外层是_____，内层是_____。
5. 说明白矮星质量限度的标准叫作_____。
6. 变星分为三大类，分别是_____、_____、_____。
7. 有"量天尺"之称的变星是_____。

星团和星云

观测星团和星云

1. 在秋冬一个晴朗的夜空，可以和几个朋友去郊外；

2. 准备一架天文望远镜，观测天空。对准英仙座附近，你会看到，这个时候的银河从仙后座穿过英仙臂，到达御夫座，星云和星团在这一带星罗棋布；

3. 仙女座大星云位于紧靠银河的位置上，用肉眼观察也能依稀可见。

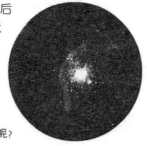

想一想 星团和星云是如何分类的呢？

星协

极为稀松的恒星群

比星团稀疏得多的恒星群称为星协。星协有两种，一种叫O星协，是O、B型恒星的集合。另一种叫T型星协，就是金牛座T型变星的集合。星协是非常年轻的天体，它的年龄只有百万数年量级。星协和年轻星团、四边形聚星有密切的关系，O星团和四边形聚星往往构成星协的核心。在银河系内，星协总是位于银河系的旋臂上。

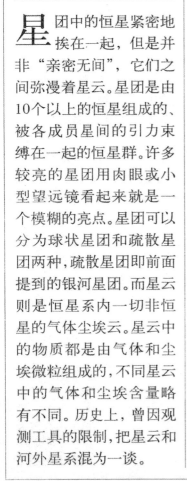

星团中的恒星紧密地挨在一起，但是并非"亲密无间"，它们之间弥漫着星云。星团是由10个以上的恒星组成的、被各成员星间的引力束缚在一起的恒星群。许多较亮的星团用肉眼或小型望远镜看起来就是一个模糊的亮点。星团可以分为球状星团和疏散星团两种，疏散星团即前面提到的银河星团。而星云则是恒星系内一切非恒星的气体尘埃云。星云中的物质都是由气体和尘埃微粒组成的，不同星云中的气体和尘埃含量略有不同。历史上，曾因观测工具的限制，把星云和河外星系混为一谈。

星团的年龄

星团"老少"的测定

球状星团是银河系内很老的天体，其中恒星的低金属含量表明，它们属于从原始星系凝聚出来的第一代恒星，一般年龄约为100亿年。在银河星团中，相互间的年龄差别很大，一些年轻星团的年龄只有几百万年。在赫罗图上，主星序上部向右方做不同程度的转向，按照恒星演化的观点，质量大的恒星演化较快，质量小的演化较慢，转向点越向下，星团的年龄越老，反之星团越年轻。

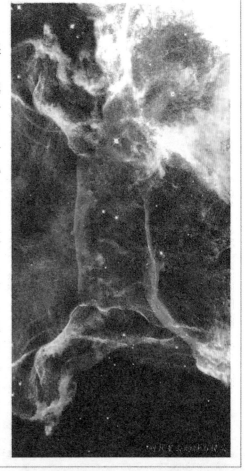

球状星团

恒星密集区

球状星团由于它们的形状是球对称或接近球对称而得名。球状星团内恒星的平均密度要比太阳附近恒星的密度大 50 倍左右，而其中心的恒星密度比后者约大 1 000 倍。球状星团内恒星十分密集，又离我们十分遥远。球状星团分布在一个巨大的球空间内，这个球的中心与银河系的核心重合。在球状星团中有许多变星。

球状星团M3

球状星团的形成

通过各种方式产生的星团

银河系开始是一个旋转的球星气体云，球状星团就形成于这个时期。当星云继续坍缩成盘状时，球状星团就留在了球状晕中。但是，有些球状星团吸收了邻近的星系，例如人马矮星系。据科学家分析，在球状星团的形成过程中，潮汐俘获正在成为另一个重要源头。此外，本星系的一些球状星团可能是过去小星系与银河系碰撞所产生的。天文学家们发现了一个非常巨大的疏散星团R136，可能正处于转变成球状星团的过程中。

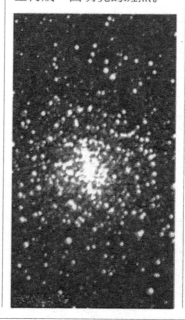

球状星团的外观

呈球状分布

球状星团由成千上万颗甚至几十万颗恒星密集而成，其外观呈球对称状或接近球对称状，它的半径从10秒差距到75秒差距，以自身重力紧紧束缚在一起。球状星团在银河系中呈球状分布，它占据了银河系中央突起附近的球形区，属于晕星族。大部分球状星团以长椭圆形轨道绕行银河中心，少数球状星团绕行接近银河核心凸出部分的轨道。它的外围由众多的恒星组成，而越往中心，恒星就越密集，以至构成一团明亮的斑点。

年轻的疏散星团，发出如宝石一般的光辉。

球状星团的年龄

宇宙中的"老人"

球状星团是宇宙中年龄最老的星团，它的年龄在 100 亿年左右。球状星团中最黯淡、最冷的白矮星可以指明球状星团的年龄。球状星团一度充满了银河系，银河系刚形成时，可能有数千个球状星团在银河系中运行，但许多都逐渐毁于彼此间的碰撞或和银河系中心的撞击。现在残存下来的球状星团比地球上任何的化石都老，也比银河系中其他结构的年龄都大，球状星团的年龄可以当作宇宙年龄的下限。银河系中几乎没有年轻的球状星团。

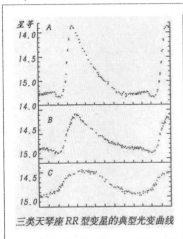

三类天琴座RR型变星的典型光变曲线

星团变星

短周期造父变星

星团变星是脉动变星的"大序变星"中的一种，又称短周期造父变星，变星周期大致为0.05～1.5天。因大多出现在球状星团中而得名。这类变星原被分为RRa、RRb和RRc三个次型，现已合并为RRab和RRc两个次型。它们的光谱型除少数为F型外，一般均为A型。两型的周期、变幅和光变曲线形状都具有周期性变化，称为布拉日哥效应。RRab型的典型星是天琴座RR星；RRc型的典型是大熊座SX星。

星云变星

同星云"休戚相关"的变星

星云变星是出现在各种亮的或暗的弥漫星云之中或其附近，并同星云有物理联系的变星。可分为五类：御夫座RW型变星、猎户座T型变星、金牛座T型变星、某些耀星、特殊星云变星。星云变星有成集团出现的倾向，不仅本身成群，而且往往几类星云聚集在一起。星云变星的光变是不规则的，兴谱型和光度级范围较宽。当前多数天文学家认为对星云变星的观测和分析研究，有利于探讨恒星的形成和演化。

猎户星云中的年轻的恒星

星云的演变

恒星变为星际物质的过程

一般认为行星状星云是由激发它的中心星抛射出来的，将会逐渐消失；新星和超新星爆发所抛出的云也在很快地膨胀而逐渐消失。它们都是恒星演化过程中的产物，也是恒星逐渐变为星际物质的过程。一些发射星云内部含若干早于B1型的热星，它们常常组合成聚星、银河星团或星协(如O星协)。这些星云和年轻恒星一起分布在银河系旋臂中。因此天文学界认为，这些星云中的热星群可能是不久前才从这些星云中诞生的。

星云摄谱仪

星云摄谱仪是一种光力强的天体摄谱仪，用于研究亮度和夜天光相近的星云的分光特性，也可用来研究彗星、黄道光等。它由矩形光阑、棱镜和强光力施密特照相机组成。棱镜能被星云的光照满，但星云周围的夜天光被光阑挡住，从而提高光谱的反衬。光阑越远拍摄的天区越小。1938年，美国麦克唐纳天文台建造了一架星云摄谱仪，光阑到棱镜的距离延长至46米。观测的天区为6′×6′。但目前多改用干涉滤光器来研究星云的分光特性。

右上方的星云正在生成恒星

星云的成分
气体和尘埃微粒

　　银河星云中的物质，都是由气体和尘埃微粒组成的。不同星云中的气体和尘埃的含量略有不同。发射星云中的尘埃少些，一般小于1%；暗星云中则多一些。星云中物质密度十分稀薄，一般为每立方厘米几十个到几千个原子(或离子)。星云物质的主要成分是氢，其次是氮，此外，还有一定比例的碳、氧、氟等非金属元素和镁、钾、钠、钙、铁等金属元素。近年来还发现有 CH_4 等有机分子。星云中各种元素的含量与宇宙丰度一致。

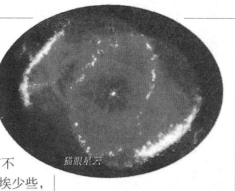
猫眼星云

行星状星云
比较对称的"圆盘"

　　行星状星云是发射星云的一种。初看起来行星状星云具有较规则、较对称的圆盘形状，中心有一个很小的核心——温度很高的中心星。用大望远镜拍得的照片却显示出非常复杂的纤维、斑点、气流的小弧等结构。行星状星云大多比较暗，很难观测。行星状星云不仅聚集在银道面附近，而且在一条很扁的轨道上绕银心转动，是盘星族的一个重要组成部分。

猫眼星云
明亮而又复杂的气体外壳

　　猫眼星云是在 3 000 光年之外，一颗垂死的恒星向外抛射出的灼热气体外壳。它是已知的最复杂的行星状星云之一。天文学家怀疑猫眼星云中那颗明亮的中心天体可能实际上是双星，在过去，人们通常把它们描述为同一类天体。猫眼星云可能在小望远镜中看上去像行星，但高分辨率的图像揭示它们是处于天体演化末期的，并被吹出的气体所包围的茧星。

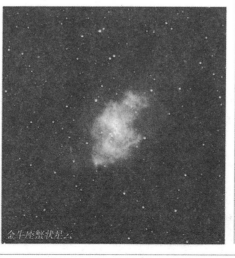
金牛座蟹状星云

蝴蝶星云
翩翩飞舞的"彩蝶"

　　蝴蝶星云是行星状星云的一种，因外观像蝴蝶而得名。蝴蝶星云位于人马座，是由于灼热的气体向两端扩散形成的。它距离我们2 100光年，在它中央有一个气体盘面，盘面的中心有两颗互绕运行的恒星，它们的距离是冥王星轨道的10倍。蝴蝶星云是恒星即将灭亡的时候，在演化成白矮星之前，抛出的外层气体。这种膨胀的气体通常会形成行星状星云，它会在数千年后渐渐地暗去。

蝴蝶星云

蟹状星云
宇宙的"发电厂"

　　蟹状星云属于行星状星云，星云星团新总表列为NGC1952，梅西耶星团星云表中列第一，代号M1。M1是最著名的超新星残骸。蟹状星云辐射比太阳大，射电观测发现它的辐射强度和波长之间的关系不能用黑体辐射定律解释，而是由"同步加速辐射"的机制造成的。蟹状星云有如一座宇宙的发电厂，而且其能量还足够发出几乎所有电磁波范围内的电磁波。也因为这波煞的能量是如此强，所以这个星云竟能比太阳还要亮上 75 000 倍。

弥漫星云

"不守规矩"的天体

弥漫星云是指具有不规则形状，没有明确边界的星云。这类星云比行星状星云大得多，延伸范围平均大小为几十光年，但也要暗弱得多，而且密度也稀薄得多，每立方厘米只有几个质子和电子。质量大小也不一，大的可达太阳质量的数千倍，小的只有太阳质量的几分之一，一般由气体和尘埃组成。在银河系里，弥漫星云分布很不均匀，形态也各不相同。

猎户座大星云

最容易识别的星云

猎户座大星云是冬季星空中最容易辨识的星云，距离地球约 1 500 光年，甚至用肉眼即可看见。它是一团被核心处大质量恒星照亮的气体与尘埃。它借助于出生不久的新星所放出的强紫外线，将能量赋予占气体大部分的氢。由于氢气放射出特有的 α 射线，所以整个星云都在发光。

马头星云

马头星云

寒冷的暗尘埃云

马头星云是因为在泛红的明亮弥漫星云的背景上浮现出如马头一样的轮廓而得名。中心附近的亮星坐落在猎户座的腰带上。马头星云是不发光的，因为它是一个稠密的尘埃云，位于一个亮星云之前，挡住了光。马头部分在可见光下呈漆黑色，根据电磁波测定得知，马头部分有较强的电磁波放射出来。据估计，数千年之后，这团星云内在的运动会改变它的外形。

暗星云

看上去很"黑暗"的天体

暗星云是银河系中不发光的弥漫物质所形成的云雾状天体。它由尘埃组成，由于恒星发出的光来自它们的背后，才使它们看上去显得很"黑暗"。暗星云经常与尘埃星云和气体星云呆在一起。一个典型的云雾状星云的跨度在 100 光年左右。它们的大小和形状是多种多样的。小的只有太阳质量的百分之几到千分之几，是出现在一些亮星云背景上的球状体；大

天鹰星云中部分的暗星云

的有几十到几百个太阳的质量，有的甚至更大。它们内部的物质密度也相差悬殊。暗星云和亮星云并没有本质上的不同，只是暗星云所含的尘埃比较大，有很多亮星云实际上是一个更大的暗星云的一部分。银河由于天鹅座的暗星云被分割成为向南延伸的两个分支。

猎户座大星云

亮星云

能自己发光的天体

亮星云是指较亮的星云。按其发光方式的不同，又可分为发射星云和反射星云两类。星云中间有一颗非常炽热的恒星(中心星)，星云吸收中心星的紫外辐射后再发射可见光辐射，这种亮星云称为发射星云。这种星云内有大的气体，富含紫外线星光，激发这些星云内的气体，从而使这些星云自己发出光芒的。反射星云之所以会遭受反射，是因为星云内存在着大量的尘埃。

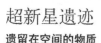

超新星遗迹

遗留在空间的物质

超新星遗迹是超新星爆发时，星体的外层向空间迅猛地抛出大量物质，它们与星际物质发生作用，形成遗留在空间的丝状气体云和气壳。射电天文学问世以来，发现超新星遗迹都是很强的射电源。大多数超新星遗迹都具有丝状的亮云或壳层。这些丝状物都在向外膨胀，不同的丝状物有不同的膨胀速度，超新星遗迹发出的光很强。天文界普遍认为，遗迹的发光机制是同步加速辐射，即高能电子绕着磁场高速旋转所发出的辐射。

天坛座弥漫星云

· DIY 实验室 ·

实验：星云的演变

准备材料： 氯酸钾2.5g、雄黄2g、打字纸、细砂粒。

实验步骤： 将氯酸钾、雄黄分别研细，倒在纸上，用药匙轻轻地来回搅拌均匀，分成20～30份；将打字纸裁成3cm×3cm的方块纸，再把两张方纸重叠成八角形，放几粒细砂粒，然后将配好的药粉用药匙分放在细砂粒上。再将纸的八个角收拢起来，包成一个小球；然后用打字纸裁成的1cm宽纸条，一头抹上浆糊，将小球扎紧粘牢，抛在地面上即发出爆鸣声。

实验原理： 小球用力抛在硬质地面上时，受撞击而在一瞬间发生剧烈的氧化还原反应，放出大量的热，使产生的气体膨胀并涨破纸而释放出来。星云就是由于新星或超新星爆发产生大量气体，并涨破球体把云抛射出来所形成的。星云会随着气体的膨胀而逐渐消失。

· 智慧方舟 ·

选择：

1. 银河系中最老的天体是？
   A.太阳　B.疏散星团　C.球状星团　D.星云
2. 球状星团属于哪个星族？
   A.晕星族　B.盘星族　C.中介星族I　D.中介星族II
3. 行星状星云是哪个星族的重要组成部分？
   A.晕星族　B.盘星族　C.中介星族I　D.中介星族II
4. 最著名的超新星残骸是哪种星云？
   A.蝴蝶星云　B.螺旋星云　C.蟹状星云　D.猫眼星云
5. 最早被发现的行星状星云是？
   A.环状星云　B.螺旋星云　C.马头星云　D.哑铃星云

星座

找星座

1. 在无月的冬夜，准备1架高倍双筒望远镜、1支铅笔、1张星图。

2. 分清楚东西南北方向，找到北极星，然后在北极星以南可以看到一个由最亮的5颗星组成的一个W形的星座。

3. 在这个星座的西北方向，可以看到拥有一颗橘色的星和一颗蓝色的星，形状如十字的星座。

4. 用铅笔把你看到的这些星座的大致形状在纸上勾出来。

想一想 这些星座都是哪些星座呢？

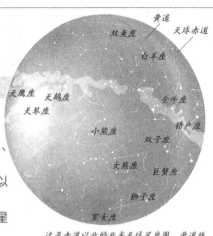

这是赤道以北的北半天球星座图。黄道线表示太阳在北方天空运行的轨道。

天球上的星星会随着季节的变化而移动，但星星之间的相关位置并不改变。因此，古时候的人们，常以神话中的人物或动物，作为各个星座的名称，这就是星座的由来。1928年，国际天文学联合会公布88个星座方案，并规定以1875年的春分点和赤道为基准的赤经线和赤纬线作为星座界线。全天分为88个星座，有的星座很大，有的星座却很小。

星座的日周运动
和天体赤道平行的星座运动

星座的日周运动是指天体每天由东向西转一圈。把地球的赤道延伸到天球，称为天球赤道，星座和天球赤道是平行的，它以北极星为中心，旋转一周时间恰好为一天。由于年周运动的缘故，星座每天向西移动约1°角。地球自转360°角需24小时，也就是每4分钟做1°角的自转。所以，同一星座在同一方向出现的时刻每天提前约4分钟，也就是一个月提前两小时。

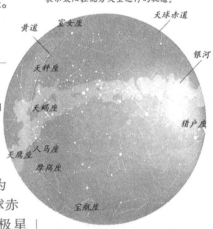

这是赤道南天星座图。黄线代表黄道，即太阳经过天空的轨道。

拱极星
不会"缺席"的星星

拱极星是指整年能看到的星体。这些星体虽然会因日周运动在北极星的周围环绕，但不会没入地平线。它们会出现在任何季节，由拱极星所形成的星座同样也会成年出现在星空。最典型的拱极星就是北极星，北极星是北半球唯一黑夜白天都在同一位置的星星。不同纬度可以观测到的拱极星数目是不一样的。

星座日周运动图

黄道

地球公转轨道的投影

黄道是太阳在天空中穿行的视路径的大圆,也是地球围绕太阳运行的轨道在天球上的投影。黄道星座沿黄道排列,黄道与天球赤道有23.4°的交角,黄道与天球赤道的两个交点是春分点和秋分点。在黄道坐标系中,天体的黄经从春分点起沿黄道向东计量,北黄纬为正,南黄纬为负。南、北黄极距相应的天极都是23.4°。从地球中心来看,黄道很接近于太阳在恒星中的视周年路径。

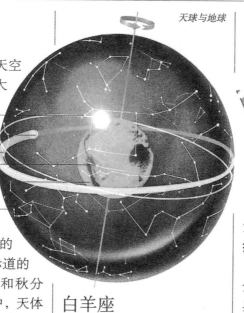

天球与地球

天球赤道
太阳
黄道
赤道
地球

天球

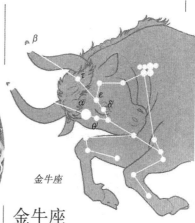

金牛座

黄道十二宫

十二星座

天文学家为了表示太阳在黄道上的位置,将黄道分为十二段,这十二段便称为"黄道十二宫"。它是黄道通过的12个星座。当地球绕太阳公转时,太阳看起来会在这些星座构成的背景前移动。这12个星座的每一个长度约30°,所以太阳通过1个均须1个月。黄道十二宫分别为:白羊宫、金牛宫、双子宫、巨蟹宫、狮子宫、室女宫、天秤宫、天蝎宫、人马宫、摩羯宫、水瓶宫和双鱼宫。

白羊座

藏在暗处的星座

白羊座位于赤经(天体在天球赤道坐标系中的经度)2时30分、赤纬(天体在天球赤道坐标系中的纬度)+20°,在星座分界线内目视可见的星星大致有66颗。白羊座中,由2等星、3等星及4等星排列成小钝角三角形的部分就是头部。其他的星星太暗了,所以不容易看清楚。约在3000年前,当时的春分点还在白羊座上,春分点是决定天体位置的重要基准点,所以它为重要的星座。现在春分点因地球的岁差运动,已经移到西部的双鱼座了。

金牛座

拥有两个星团的星座

金牛座位于赤经4时30分、赤纬+18°,在星座分界线内目视可见的星星大致有118颗。金牛座α星就是毕宿五,是一颗红色的1等星。以毕宿五为一边,这一带有4等星、5等星所形成的V字形是毕宿星团,等于牛头的部分,目视可以看到5~6颗星星。从毕宿星团往右上(西北约10°角的位置),就是昴宿星团,比毕宿星团小,属于疏散星团,目视可见6~7颗星星,等于牛的颈部。

白羊座

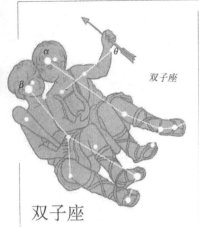

双子座

双子座

亲密无间的"双胞胎"

双子座位于赤经7时00分、赤纬+22°，在星座分界内目视可见的星星大致有106颗。从银河东岸观察，双子座的1等星和2等星相隔约5°角。左下的1等星发出金色的光芒，而右上的2等星则闪烁着银色的光辉。这两颗星各自成为双子座中双子的头部。1等星（β星）是北河三，2等星（α星）是北河二。若用小型望远镜观察北河二，就可看见两颗联星，分别为2等星和3等星，以大约511年为周期互相环绕旋转，且各自又分别成为了分光双星。

巨蟹座

发出微弱光芒的星座

巨蟹座位于赤经8时30分，赤纬+20°，在星座分界线内目视可见的星星数量大致为91颗。巨蟹座处在狮子座大镰刀和双子座的北河二、北河三之间。它全是由比4等星还暗的星星所组成的，如仔细看时能发现有些暗星形成小型的四边形，在上边的小四边形中间，以肉眼能发现微弱的星星，那就是著名的大疏散星团M44。若用双筒望远镜，就可看到数十颗星星的疏散星团，俗名为蜂巢星团（又称为鬼宿）。

狮子座

代表春天的星座

狮子座位于赤经10时30分，赤纬+15°，在星座分界线内目视可见的星星大致有96颗。这个星座是代表春天的星座，在四月中旬的夜晚8时30分左右，出现在正南方天空中。狮子座的标记是星星在狮子面部所组成的翻转问号，因为酷似欧洲的割草镰刀，所以又称狮子座大镰刀。每年11月17日前后的清晨，就可见到狮子座流星群，每隔33年有一次极大期，可看到更多的流星。

巨蟹座

室女座

洁白闪亮的"少女"

室女座又称为"处女座"，位于赤经13时20分、赤纬-2°，在星座分界线内目视可见的星星大致有124颗。以洁白的1等星角宿一为代表的室女座，位于继狮子座之后的黄道上。角宿一和其右（西）方稍远处的3等星和4等星形成大Y形，这就是室女座的主星。室女座上有秋分点，太阳在天球上移动到这一点时，就会由北半球转移到南半球，月球和行星等也会往旁边经过，春分时的望（满月）也以此星座为背景。

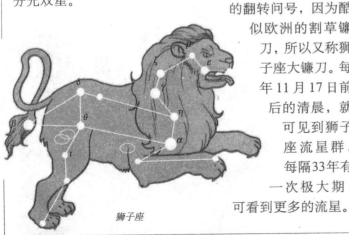

狮子座

室女座

春天大三角

室女座是全天第二大星座，但在这个星座中，只有角宿一是1等星，还有4颗3等星，其余都是暗至4等的星。我们不妨把这个有点复杂的大星座，简化为一个大写的字母"Y"：以α到γ星为柄，从γ星开始分为两叉，γ、δ、ε为一分支，γ、η、β为另一分支。好在有角宿一这颗亮星，才没有使室女座这个春天著名的黄道大星座太黯淡。角宿一是全天第十六亮星，它和牧夫座大角星及狮子座β星构成了一个醒目的等边三角形，称为"春季大三角"。

天秤座

测量昼夜的天秤

天秤座位于赤经15时10分。赤纬−14°，在星座分界线内目视可见的星星大致有62颗。我们极易发现3颗3等星排列成"〉"形，连同另1颗4等星，形成不等边四边形，由此可想像成天秤的形状。公元前2000年左右时，秋分点就在此，于是又被想像成每当太阳移动到此处时，以天秤测量后才把白天和晚上分成2等份，因此以后就视它为天秤座了。现在的秋分点，由于地球岁差正在移向室女座。

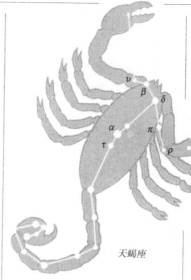

天蝎座

天蝎座

引人注目的"大蝎子"

天蝎座位于赤经16时20分、赤纬−26°，在星座分界线内目视可见的星星有125颗。在天蝎的胸部有1颗红色的1等星心宿二，其两侧稍斜往下，约等距离的位置各有1颗3等星。这3颗星向右(西)5°角，有3颗3等星和1颗4等星排成直线，就是天蝎的头部。接着，往下经过点点分布的3等星和2等星后，转大弯向左，再接到上面，就像翘起尾上毒钩的毒蝎子。天蝎座拥有不少亮星，分布广达30°角的大S形，属于容易发现的星座。

天秤座

心宿二

心宿二位于赤经16时26.3分、赤纬−26°19′，是天蝎座的主星。现代天文学之称为"天蝎座α星"。它是红超巨星，是一个光变明显的半规则变星，并与一个蓝矮星组成一个目视双星系统。心宿二还是射电源。它是全天第十五亮星，红色，星等0.92，距离约424光年。它的半径是太阳的600倍，达4.17亿千米。表面温度3000℃，体积是太阳的2亿多倍，质量只有太阳的25倍。所以密度只有太阳的八百六十万分之一。

人马座

人马座

夏夜满月的背景星座

人马座位于赤经19时00分、赤纬−25°，在星座分界线内目视可见的星星大约有148颗。因冬至点在人马座上，夏天的满月就以此为背景。6颗2等星、3等星和4等星在河中形成一个倒勾的小勺子——南斗六星，是人马座中最容易辨认的部分，人马座在南方低空银河中南天最密集的地方，因为银河系的中心在人马座的方向上，所以这里的星云、星团较多。

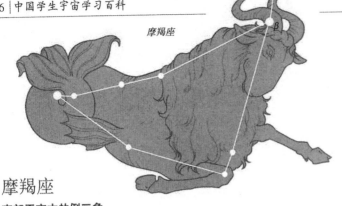

摩羯座

摩羯座

南部天空中的倒三角

摩羯座位于赤经20时50分、赤纬−20°，在星座分界线内目视可见的星星大致有65颗。它是9月末出现在南部天空的呈倒三角形的星座。它做为黄道第10个星座，占有重要位置。由于岁差的缘故，现在的冬至点已经由摩羯座移至人马座。α星是位于山羊角上的双星，α¹和α²两颗星相隔376″并排，目测可以将它们分离。β星也是双星，3.1等和6.1等两颗星相隔205″并排。这些星星可以用双筒望远镜观测到。

双鱼座

水瓶座

全由暗星组成的星座

水瓶座又称为"宝瓶座"，位于赤经22时20分、赤纬−13°，在星座分界线内目视可见的星星大致有113颗。它位于摩羯座的东面。水瓶座全由一些暗星所组成，在飞马头部下方，由4颗小星排成。α星是在抱着水瓶的少年右肩上发光的3等星莎达尔梅莉克（帝王的幸运之星），中国名为危宿一；β星也是3等星，是在少年的左肩上发光的沙达斯乌德，这个名字是从阿拉伯语的阿尔伯语的阿尔·莎德·阿尔·斯德(幸运中的幸运)演化而来的，中国名为虚宿一。

水瓶座

双鱼座

一根绸带上的两条鱼

双鱼座位于赤经0时20分、赤纬+10°，在星座分界线内目视可见的星星大致有95颗。在赫韦吕斯的星图上，记载着位于飞马四边形东侧的鱼叫北鱼，而位于其南侧的鱼叫南鱼。春分点因岁差运动的关系，现在移至双鱼座。将飞马四边形东面的星星，也就是仙女座α星与飞马座γ星连接起来，按连线等长延伸，所达之处便是现在的春分点。α星是在绸带的连接点上发光的4等星外屏七(带结子)。两颗星的光度分别4.2等和5.3等，只以1.9″的小间隔并排。

大熊座

挂在天上的"大勺子"

大熊座位于赤经11时00分、赤纬+58°，在星座分界线内目视可见的星星大致有162颗。由6颗2等星和1颗3等星排成向上的大勺子，就是大熊的腰部和尾部。全天88个星座中，大熊座是第三大的星座。大熊座的最佳观赏期是熊在北极星上方或呈倒悬姿势的时候，在北斗七星附近的都属于拱极星，因此全年都能看到熊的一部分。

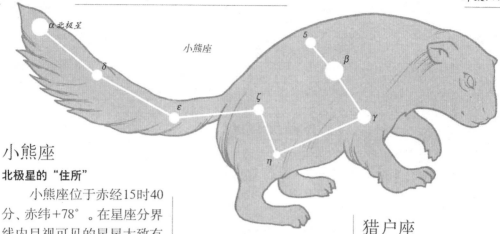

小熊座

小熊座
北极星的"住所"

　　小熊座位于赤经15时40分、赤纬+78°。在星座分界线内目视可见的星星大致有32颗。小熊座靠近北天极（即天球的北极），所以地球北半球的大部分地区一年四季总能看到它。它由28颗6等以上的星星组成，其中小熊座α星就是著名的北极星。北极星与其他6颗相对显著的星星，排列成类似北斗七星那样的小勺子，北极星位于斗柄的端点。小熊座这7颗星星中，除α、β两颗2等星外，其他都是较暗的星。因此，小熊座不如大熊座那样耀眼。

北极星

　　北极星属于小熊星座中最亮的恒星，距北天极仅有1°左右，所以被称为北极星，也叫小熊座α星。中国古代称它为"勾陈一"或"北辰"。在星座图形上，它正处于小熊的尾巴尖端。北极星按亮度是一颗2等星，属于"小字辈"。它距离我们300多光年，是一颗黄白色超巨星，实际上还是颗造父变星。用小型望远镜可以看到附近有颗并无关联的8等星。

北斗七星

　　北斗七星属大熊星座的一部分，位于大熊的背部和尾巴。北斗七星的名字源于中国。勺子头上的4星称为斗魁，勺子柄上的3星称斗柄。各星从勺子头前端开始依次是：α星为天枢，北斗一；β星为天璇，北斗二；γ星为天玑，北斗三；δ星为天权，北斗四；ε星为玉衡，北斗五；ζ星为开阳，北斗六；η星为摇光，北斗七。这七颗星中有6颗是2等星，1颗是3等星。通过斗口的两颗星连线，朝斗口方向延长约5倍远，就找到了北极星。

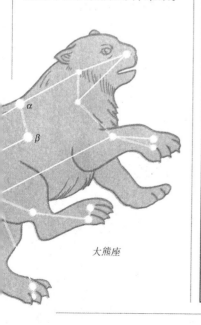

大熊座

猎户座
冬夜星空之王

　　猎户座位于赤经5时20分、赤纬+3°，在星座分界线内目视可见的星星大致有136颗。在猎户座的中心，由3个2等星等距离倾斜排列的"三星"极引人注目。猎户座是冬季星空最耀眼的星座，右端的参宿三（猎户座δ星）在天球赤道上，而其他两颗星则排列在斜下方，从正东方升起正西方沉没。而且，3颗星的角度也有直（东）、斜（南）及横（西）等变化，若要得知其方向的话，则可由倾斜度测出。

猎户座

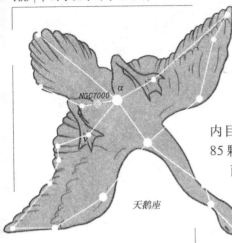

天鹅座

天鹰座
与织女遥遥相望的牛郎

天鹰座位于赤经19时30分、赤纬+2°，在星座分界线内目视可见的星星大致有85颗。这个星座在银河东面边缘，天鹰座α星就是牛郎星，和织女星隔着银河遥遥相对，它也是夏季大三角形最南端的1等星。牛郎星上方有1颗3等星，下方有1颗4等星，这3颗星大约排成一条直线，这情况与天蝎座头部还有猎户座腰带上的3颗星星很相似。在中国把这三颗星比拟成震响银河的大鼓，因此又有"河鼓"、"河鼓三星"的称呼。

天鹰座

仙后座
全年出现的星座

仙后座位于赤经1时00分、赤纬+60°，在星座分界线内目视可见的星星大致有106颗。仙后座中最亮的星星是α、β、γ、δ和ε5颗星，从晚秋到初冬，这5颗星排列成"W"字形，当该星座出现在北极星上方时，呈现"M"字形；当低于北极星时，呈现"W"字形。仙后座基本全年都出现在北部天空，因此在难于找到北斗七星的秋季和冬季，它就成为寻找北极星的重要星座。

天鹅座
拥有天上宝石的星座

天鹅座位于赤经20时30分、赤纬+43°，在星座分界线内目视可见的星星大致有184颗。它在9月下旬出现在我们头顶的正上方天空，天鹅座由明亮的5颗星组成十字形，叫作北十字。β星在天鹅嘴部，它是聚星，有橘色3.4等星和蓝色5.5等星相距34.3″排列，如同黄玉和蓝宝石那样色彩对比鲜明，被称为"天上宝石"。NGC7000是位于天津四东面的弥漫星云，因其形状很像北美大陆，所以也被称为北美星云。

天琴座
织女的"寝宫"

天琴座位于赤经18时45分、赤纬+36°，在星座分界线内目视可见的星星大致有52颗。天琴座中的α星是因七月七鹊桥相会的传说而闻名的织女星。β星是3.3等的渐台二，它以12.9日为周期，在3.3等至4.3等间变换光度。两颗星分别相当于太阳直径的50倍和30倍，并互相伴随，环绕旋转。变光过程是从3.3等减光到3.9等，再恢复到3.5等之后，减光为4.3等。它是"天琴β型食变星"的典型代表。

天琴座

仙后座

牧夫座

挥舞着棒槌的牧夫

　　牧夫座位于赤经14时35分、赤纬+30°，在星座分界线内目视可见的星星大致有114颗。牧夫座的大角星是一颗橘黄色的1等星，把大角星和其上方由3等星及4等星所形成的五边形相连结，则可见到如风筝形状的菱形出现。大角星是恒星自行值较大的星星。牧夫衣带上的梗河一是双星，它是由黄色的2.7等和蓝色的4.9等两颗星以2.9″的间隔并排组成的。

托勒密

　　克罗狄斯·托勒密（生卒年龄不详），古希腊天文学家、地理学家和光学家。他总结了希腊古天文学的成就，写成《天文学成》十三卷。其中确定了一年的持续时间，编制了星表，确定了北天星空40个星座名，说明了旋进、折射引起的修正，给出日月食的计算方法等。他利用希腊天文学家们特别是喜帕恰斯的大量观测与研究成果，创建了托勒密地心体系。这个体系在当时是有进步意义的。此外他还著有《光学》五卷和《地理学指南》八卷。

托勒密

牧夫座

M51　M106　M63　M3

· DIY 实验室 ·

实验：自制简易星座

准备材料：10段长为5cm～25cm不等的线条、10个直径为1cm的泡沫小球、1块边长为50cm的正方形纸板。

实验步骤：在每根线的一端系上一个小球；把这些线条的另一端按不同位置固定在纸板上；把纸板翻过来，让小球下悬；让你的同伴把纸板放平，你从一侧观察这些小球；把小球呈现的形状画下来。

原理说明：小球会因为目距和高矮不同而形成一定的形状。天空中的恒星群会因为其中的星星距离地球的远近以及星星自身的大小不同而构成了很多的形状。这就是我们现在所能看到的各种星座。

· 智慧方舟 ·

填空：

1.有两个星团的星座是_____，这两个星团分别是_____、_____。

2.春季大三角是由_____、_____、_____组成。

3.被称为"冬夜星空之王"的是_____。

4.中国古代称北极星为_____、_____。

选择：

1.现在春分点在哪个星座上？

　A.白羊座　B.双鱼座　C.天秤座　D.人马座

2.现在冬至点在哪个星座上？

　A.摩羯座　B.室女座　C.人马座　D.双鱼座

3.北斗七星中被称为天权的是哪颗星？

　A.α星　B.β星　C.γ星　D.δ星

4.除了北斗星之外，寻找北极星的重要星座是哪个星座？

　A.小熊座　B.猎户座　C.巨蟹座　D.仙后座

5.北十字在哪个星座上？

　A.大熊座　B.小熊座　C.天鹅座　D.双子座

太空探索

望远镜

探索与思考·

遥望天空

1. 准备1个放大镜、1个三棱镜、1架望远镜；

2. 用放大镜对准书上的字，你会看到本来很小的字变大了；

3. 用棱镜对着太阳（注意不要直视太阳），棱镜的另一端会出现彩虹；

4. 选一个没有月亮或月亮比较暗的夜晚，到山上或郊区观察星空，画下你所看到的天象，并到图书馆，看你所画下的与资料是否相似。

想一想 望远镜是依靠什么原理把遥远的天空拉近的呢？

小天文爱好者正在了解望远镜。

倍率

望远镜拉近物体的能力

望远镜的倍率是指望远镜在视觉上拉近物体的能力。一架望远镜的合理倍率与望远镜的口径和观测方式相关：口径大的，倍数可以适当高些，带支架的可以比手持的高些。倍率越大，稳定性也就越差，观察视场就越小、越暗，其带来的抖动也大大增加，呼吸的气流和空气的波动对其影响也就越大。手持观测的双筒望远镜，7～10倍之间是最合适的，最好不要超过12倍，如果望远镜的倍率超过12倍，那么手持观察将会很不方便。

望远镜发明于17世纪初。人类通过望远镜拉近了与遥远星空的距离，等于是从平面跃入立体。越大的望远镜所能观测到的就越多，更令人惊叹。我们已从肉眼可见约6 000颗星的时期，到了现在能观察月面的起伏、太阳黑子、土星光环、各个星座等，而且我们还在借助光学仪器向更广阔、更深远的宇宙进军。

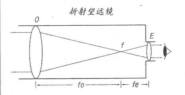

望远镜的原理

光的折射或反射

望远镜由物镜和目镜组成。接近景物的凸形透镜或凹形反射镜叫做物镜，靠近眼睛那块叫作目镜。远景物的光源视作平行光，根据光学原理，平行光经过凸透镜或球面凹形反射镜便会聚焦在一点上，这就是焦点。焦点与物镜的距离就是焦距。再利用一块比物镜焦距短的凸透镜即目镜就可以把成像放大，观察者就看得特别清楚。

望远镜的原理

O= 物镜 E= 目镜

f=焦点 fo= 物镜焦距

fe= 目镜焦距 D= 物镜口径 d= 斜镜

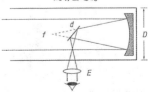

口径

望远镜大小的衡量标准

　　望远镜的口径分为有效口径和相对口径。有效口径指望远镜的通光直径，即望远镜入射光瞳直径。望远镜的有效口径越大，聚光本领就越强，越能观测到更暗弱的天体。它反映了望远镜观测天体的能力。相对口径又称焦比，它是望远镜的有效口径与焦距之比（D/F），一般说来，折射望远镜相对口径较小，而反射望远镜的则较大。因此，做天体摄影时，应注意选择合适的有效口径或焦比。

视场

成像区域所对应的天空角直径

　　能够被望远镜良好成像的区域所对应的天空角直径称望远镜的视场。望远镜的视场与放大率成反比，放大率越大，视场越小。不同的口径、不同的焦距、不同的光学系统与质量（像差），决定了望远镜的视场的大小（电荷耦合器的像数尺寸有时也会约束视场的大小）。一般科普用反射望远镜的视场小于1°，而施密特式望远镜消像差比较好，故它的视场可达几十度。

口径为6厘米的折射望远镜

分辨本领

分开两颗很相近的双星的能力

　　望远镜质地取决于它的分辨本领，即分开两颗很相近的双星的能力。望远镜的分辨本领由望远镜的分辨角的倒数来衡量。分辨角通常以角秒为单位，是指刚刚能被望远镜分辨开的天球上两发光点之间的角距。望远镜的分辨率越高，越能观测到更暗、更多的天体，所以说，高分辨率是望远镜最重要的性能指标之一。

托洛洛山天文台的反射望远镜

贯穿本领

观察最暗天体的能力

　　贯穿本领是指在晴朗的夜空将望远镜指向天顶，所能看到的最暗的天体，用星等来表示。在无月夜的晴朗夜空，我们人的眼睛一般可以看见6等左右的星。一架望远镜可以看见几等星主要是由望远镜的口径大小决定的，口径越大，看见星等也就越高（如50毫米的望远镜可看见10等星，500毫米的望远镜就可看到15等的星）。

赤道式望远镜

赤道式装置

方便观测天体周日视运动的装置

　　赤道式装置是指望远镜的赤纬轴与赤经轴（即极轴）相互垂直，并且赤经轴指向天极与地球自转轴平行，其最大的特点是可以很方便地观测天体的周日视运动。望远镜跟踪天体时，只是赤经轴运动而赤纬轴不动（仅仅在望远镜找星时才用）。因此，许多科普望远镜多将赤纬轴转动设计成手动。在赤道式装置的望远镜中，又可分为美国式（叉式）、德国式、摇篮式、马蹄式与英国式（双柱式）等，而大部分的科普望远镜采用的是德国式与美国式装置。

折射望远镜＋赤道仪

地平式望远镜

地平式装置

两个轴同时运动的装置

地平装置是指望远镜有两个相互垂直的轴，一个是水平轴（也叫高度轴），一个是垂直轴（也叫方位轴）。镜筒与水平轴相连，跟踪天体时必须两个轴同时运动。其优点是重力对称、结构紧凑、造价较低、口径可以做得大、圆顶随动控制简单。缺点为焦点是旋转的，并且在天顶处有一个不能跟踪的盲区。所以购买望远镜时还是尽量选用赤道式装置的望远镜。

折射望远镜

适合于做天体测量工作的望远镜

折射望远镜是用透镜做物镜将光线汇聚的系统。世界上第一架天文望远镜就是伽利略制造的折射望远镜，它是采用一块凸透镜为物镜制作而成的。由于玻璃对不同颜色光的折射率不同，会产生严重的色差，因此，后来的折射望远镜多采用复合透镜做为物镜，即由两块以上的透镜组成，用来消除色差。通常折射望远镜的相对口径较小，即焦距长，底片比例尺寸大，从而分辨率高，比较适合于做天体测量方面的工作（如测量恒星的位置、双星的角距等）。

凸镜　遮光罩　开普勒式　凹镜　物镜　伽利略式　消杂光光阑　寻星镜　目镜

伽利略式望远镜和开普勒式望远镜

日本东京天文台的折射望远镜

伽利略式望远镜

用凹透镜做目镜的望远镜

1609年，伽利略制作了一架口径4.2厘米，长约1.2米的望远镜。他是用凸透镜作为物镜，凹透镜作为目镜，这种光学系统称为伽利略式望远镜。伽利略用这架望远镜指向天空，星光得到了一系列的重要发现，天文学从此进入了望远镜时代。伽利略式望远镜是折射望远镜的一种。物镜组为等效的凸透镜，光线经过物镜汇聚后，经过一片或一组凹透镜形式的目镜成像。这种望远镜成像是正立的，但视场较小。

开普勒式望远镜

用凸透镜做目镜的望远镜

1611年，德国天文学家开普勒用两片凸透镜分别作为物镜和目镜，使放大倍数有了明显的提高，以后人们将这种光学系统称为开普勒式望远镜。它也是折射式望远镜的一种。物镜组为凸透镜形式，目镜组也是凸透镜形式。这种望远镜成像是倒立的，但视场可以设计的较大。为了获得正立的像，采用这种设计的某些折射式望远镜，特别是多数双筒望远镜在光路中增加了转像棱镜系统。现在几乎所有的折射式天文望远镜的光学系统都是开普勒式的。

色差
光折射的结果

不同波长的光在相同介质中有不同的折射率，所以轴上焦点位置不同，因而造成色差。它一般可分为两种：一种是光轴的色差，镜片本身的材质影响进入镜片的光线，让蓝色光系在离焦点较近处成像，红色系则在较远处。另一种是倍率的色差，当凹面镜补偿了焦点位置的光轴色差之后，整体产生的色光仍然不一致。这是因为色光的波长不同，焦距也不一样，所以产生的影像的倍率便因颜色而异，影像的大小会产生色偏移。

光的折射

消色差透镜
抵消凸透镜色散的凹透镜

折射望远镜的凸透镜聚焦之余，会像棱镜一样产生彩虹般的色彩。因此光学制作者需要挑选另一种光学玻璃，把它磨成凹透镜，放在原有的凸透镜后面。凹透镜本身的色散会尽量把凸透镜的色散抵消，但同时保留整组透镜的一点聚焦力。（如用同一种光学玻璃的凹透镜，色差可完全消除，但同时聚焦能力也抵消了。）这种设计的物镜叫作消色差透镜。

澳大利亚大分水岭天文台的反射望远镜

反射望远镜
以反射镜做物镜的望远镜

反射望远镜的物镜是反射镜，为了消除像差，一般制成抛物面镜或抛物面镜加双曲面镜组成卡塞格林系统。在这种系统中，天体的光线只受到反射。由于镜面材料在光学性能上没有特殊的要求，且没有色差问题，因此，它与折射系统相比，可以使用大口径材料，也可以使用多镜面拼镶技术等。镜面在镀膜后，可获得从紫外到红外波段良好的反射率，因此较适合于进行恒星物理方面的工作（恒星的测光与分光）。

牛顿式望远镜
用球面反射镜做为主镜的望远镜

第一架反射式望远镜诞生于1668年。牛顿多次磨制非球面的透镜均告失败后，决定采用球面反射镜作为主镜。他用2.5厘米直径的金属，磨制成一块凹面反射镜，并在主镜的焦点前面放置了一个与主镜成45°角的反射镜，使经主镜反射后的会聚光，经反射镜以90°角反射出镜筒后到达目镜。这种系统称为牛顿式反射望远镜。它的球面镜虽然会产生一定的像差（实际成像与理想成像状态的差别），但用反射镜代替折射镜却是一个巨大的成功。

牛顿亲手制作的望远镜

德国汉堡天文台的施密特式望远镜

卡塞格林式望远镜

副镜在主镜之前的望远镜

1672年，法国人卡塞格林提出了新的反射式望远镜的设计方案，把副镜提前到主镜焦点之前，并为凸面镜，这被称为卡塞格林式反射望远镜。卡塞格林式望远镜的主镜和副镜可以有多种不同的形式，光学性能也有所差异。这种望远镜焦距长而镜身短，放大倍率也大，所得图像清晰，既有卡塞格林焦点，可用来研究小视场内的天体，又可配置牛顿焦点，用以拍摄大面积的天体。因此，卡塞格林式望远镜得到了非常广泛的应用。

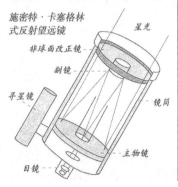

施密特·卡塞格林式反射望远镜

非球面改正镜
副镜
星光
寻星镜
镜筒
主物镜
目镜

折反射望远镜

折射与反射相结合的光学系统

折反射望远镜是将折射系统与反射系统相结合的一种光学系统，它的物镜既包含透镜又包含反射镜，天体的光线要同时受到折射和反射。这种系统的特点是便于校正轴外像差，得以取得良好的光学质量。由于折反射望远镜具有视场大、光力强等特点，适合于观测延伸天体（彗星、星系、弥散星云等），并可进行巡天观测，较适合天文爱好者使用。

马克苏托夫望远镜

施密特式望远镜

适合观测大面积天区的望远镜

施密特式望远镜的主镜是一个凹球面反射镜，另一块是接近平板的非球面薄透镜，又称改正透镜。透镜的一面为平面，对向光线，另一面磨成奇特的形状，安放在主镜的曲率中心处，使中心区与边缘区的曲率不同。利用改正镜与球面反射镜巧妙的配合，可以消除主镜造成的球差（光线从主轴某一点上射向望远镜，折射后不能交于同一位置，而是在理想像平面上形成各种同样大小的圆斑），同时也较好地消除轴外像差。

马克苏托夫望远镜

透镜呈弯月形的望远镜

1940年马克苏托夫用一个弯月形状透镜作为改正透镜，制造出另一种类型的折反射望远镜，在一定条件下，弯月形副镜可不产生色差，且能补偿球面主镜所产生的球差。此外，光阑和厚透镜的位置接近于主镜的球心，产生的轴外像差很小。它的两个表面是两个曲率不同的球面，相差不大，但曲率和厚度都很大。它的所有表面均为球面，比施密特式望远镜的改正板容易磨制，镜筒也比较短，但视场比施密特式望远镜小，对玻璃的要求也高一些。

哈勃太空望远镜

哈勃望远镜

人类第一座太空望远镜

　　哈勃望远镜是人类第一座太空望远镜，运行在地球大气层外缘离地面约600千米的轨道上，它大约每100分钟环绕地球一周。哈勃望远镜是由美国国家航空航天局和欧洲航天局合作，于1990年发射入轨的。哈勃望远镜的角分辨率达到小于0.1秒，每天可以获取3G～5G字节的数据。由于运行在外层空间，哈勃望远镜获得的图像不受大气层扰动折射的影响，并且可以获得通常被大气层吸收的红外光谱的图像。

太阳塔

塔式望远镜

　　太阳塔的外形是塔式，通常高20米以上。塔的顶部一般安置定天镜，将入射的太阳光线垂直向下反射，进入成像光学系统和附属仪器。太阳塔通常为双层结构，内塔顶部支撑定天镜，中间安置太阳望远镜成像光学元件，在塔底或地下竖井内设置大型太阳摄谱仪及其他附属仪器，以便对太阳进行多方面观测。外塔顶部支撑圆顶和观测室地板，从而减小仪器的振动。现代真空太阳望远镜，有建为塔式结构的，被称为真空太阳塔。

凯克望远镜

世界上最大的望远镜

　　凯克望远镜位于夏威夷，是目前世界上最大的望远镜，镜面直径为10米，由36面1.8米的六角型镜面拼合而成。计算机每秒钟两次将所有的镜片排列在3×10^{-5}毫米以内，电视监视器可使科学家看到望远镜所看到的一切。这台望远镜耗资13 000万美元，主要是由美国企业家凯克捐助修建的，第一座凯克望远镜建造成功后，凯克基金会又修建了凯克2号望远镜，两座挨在一起。

甚大望远镜

克服了大气扰动的望远镜

　　甚大望远镜(VLT)位于智利欧洲南方天文台，它由四座直径为8.2米的望远镜组成，四座望远镜之间通过电脑连接以便收集更多的光线。其功效相当于单一的一座直径为16.4米的望远镜。这四座望远镜其中每一座的观测能力都超过了肉眼的10亿倍。科学家们把这望远镜同一种"适应光学"的技术相连，克服了大气层扰动导致光线抖动的缺憾，从地面上捕获了较高清晰度的目标。

位于智利的欧洲南方天文台的甚大望远镜

大气扰动
干扰望远镜工作的重要因素

当阳光照射到地面的时候，地表的空气被加热，密度变小而上升，由于密度不同的空气对光线的折射率不同，便产生了水波纹的视觉效果。这种大气扰动俗称为"地雾"。地雾在天气炎热时尤为严重，甚至肉眼可见。但无论什么季节，地雾都是影响高倍望远镜观测的一个重要因素。因为随着倍率的升高，扰动也被放大。

射电望远镜
研究太空射电波的望远镜

接收并研究来自太空的射电波的仪器统称为射电望远镜。射电望远镜最常见的为碟形，它的结构主要由定向天线或天线阵、馈电线、高灵敏度接收机和记录仪或示波器等部分组成。天线或天线阵将收集到的天体电波，经过馈电线送到接收机上，接收机具有极高的灵敏度和稳定性，首先将微弱的天体电波高倍放大，再进行检波，让高频信号转变为低频形式，最后送到记录仪上记录下来，或在示波器上显示出来。

日本的8米红外线望远镜的主体，中央下面的蓝色圆筒内装着主镜。

红外线望远镜
穿过气团看到星云内部的"眼睛"

利用红外线望远镜可看到星云内部的状况，譬如星群的形成，新生成的星球温度约为200℃～500℃，因热而辐射出红外光波的光芒可穿透周围的冷云气团。在红外线望远镜中，它是明亮而清楚的光点，而光学望远镜却仅能看到云气团。透过红外线望远镜还可清楚地看到云气内部的黑洞的作为。但由于大气层和我们城市的暖气会将来自太空微弱的热辐射淹没，所以红外线望远镜必须设置于人迹罕至之地，如山顶或寒冷的太空。

射电望远镜

紫外线望远镜
研究紫外波段的仪器

紫外线望远镜是用于紫外波段研究的望远镜。紫外波段是介于X射线和可见光之间的频率范围，观测波段为100～4 000埃。紫外观测要放在150千米的高度才能进行，以避开臭氧层和大气的吸收。被命名为哥白尼号的OAO-3携带了一架直径为0.8米的紫外望远镜，在卫星轨道上正常运行了9年，观测了天体的950～3 500埃的紫外谱。后来又分别有国际紫外探测者和极远紫外探索卫星等进行观测。

X射线望远镜
成像在焦平面上的望远镜

X射线望远镜是观测宇宙天体所辐射的X射线的仪器。由于地球大气对X射线的强烈吸收作用，所以X射线望远镜只能装置在航天器上进行观测。它具体有X射线成像望远镜和"爱因斯坦"X射线望远镜两种。为了减少像差，望远镜的光学系统由几个同轴共焦的旋转圆锥面叠套而成。望远镜的像成在焦平面上。焦平面上的辐射用辐射接收器接收，常用的辐射接收器有：乳胶、正比计数器和X射线图像转换器等。

美国的海耳天文望远镜

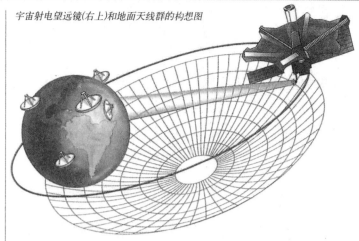
宇宙射电望远镜(右上)和地面天线群的构想图

γ射线望远镜

通过高空气球和人造卫星搭载的仪器

　　γ射线望远镜是用于观测天体的γ射线辐射的仪器。γ射线比X射线的波长更短、能量更高，由于地球大气对γ射线大量的吸收，因此γ射线天文观测只能通过高空气球或人造卫星搭载的仪器进行。1991年，美国的康普顿空间天文台(CGRO)在地球轨道上进行了γ波段的首次巡天观测，取得了许多重大科学结果。欧洲和美国的科研机构合作制订了一个新的γ射线望远镜，在2001年送入了太空，它的上天为康普顿空间天文台之后γ射线天文学的进一步发展奠定基础。

张德勒X射线天文卫星

·DIY实验室·

实验：学做折射望远镜

准备材料：2个直径略有差别的卫生纸内芯筒、1个塑料物镜（直径43毫米，焦距400毫米）、1个塑料目镜（直径175毫米，焦距25毫米）、1只目镜的泡沫塑料镜托、1根米尺、透明胶带

实验步骤：将一个纸芯筒插入另一个纸芯筒中，两个筒可以移动但不会滑脱；将物镜平放在纸芯筒的外部一端，用胶带固定住物镜；将镜托的中央开一个洞口，把目镜插入洞口；将目镜镜托放入与物镜反方向的望远镜尾部的内筒中；将米尺固定在墙上，从5米外通过目镜看米尺，还可调节望远镜纸芯筒的伸缩以便更清晰地读出米尺上的数字。

原理说明：这是利用了透镜的物理特性进行的制作。凸透物镜通过折射聚集光线，相当于把人的瞳孔放大，这样收集到的光线量增多。物镜的直径越大，视野越清晰，也越能看清观测物的细微之处。而目镜的作用是把望远镜主镜的影像放大。

智慧方舟

填空：

1. 望远镜由_____、_____组成。

2. 望远镜的口径分为_____、_____。

3. 赤道式装置的望远镜可分为_____、_____、_____、_____、_____等。

4. 把副镜放置到主镜焦点之前的望远镜是_____。

5. 适合于观测大面积天区的望远镜是_____。

6. 人类第一座太空望远镜是_____。

7. 世界最大的望远镜位于_____。

8. 大气扰动俗称为_____。

天文台与天文馆

美国加州帕洛马山天文台的天文观测室，
里面是海尔望远镜。

· 探索与思考 ·

参观天文馆

1. 在父母的带领下，或是约上几个朋友去天文馆；

2. 进入天文馆之前注意观察天文馆的建筑结构，天文馆的屋顶是球形的；

3. 看天文现象的表演，和自己平时观测到的星空做一个比较；

4. 仔细观察，你会发现天文现象的表演是通过一个仪器播放的。

想一想　天文馆是通过什么向我们展示天文现象的呢？

天文台和天文馆都是观测天文的专业机构。天文台侧重于科学研究，通过天文研究来揭示宇宙的奥秘。天文台对于选址极为重视，一定要选一个具备视野开阔、局部气流平稳、温差小、湿度低、离城市工矿区远等诸多条件的"风水宝地"。天文馆则侧重于科学普及，通过开展不同的活动，对大众进行天文宣传；此外，天文馆还会进行一定的天文观测和研究工作。

光学天文台

天文台

天文观测研究机构

天文台是天文观测和天文研究机构。它拥有各种类型的天文望远镜和测量计算装置，用以观测天体，分析资料，并利用观测结果，编制各种星表和历书，进行授时工作；计算人造卫星轨道；进而揭示宇宙奥秘，探索自然规律。天文台按分工特性、设备状况可分为：光学天文台、射电天文台、空间天文台、教学天文台和大众天文台。现在已知的最古老的天文台是大约公元前2600年建立在埃及的天文台。

天文台观测室

望远镜的"外套"

天文台观测室的屋顶呈半圆球形，球上有一个天窗，从屋顶的最高处一直到屋檐。将天文台观测室设计成半圆球形，并且在圆顶和墙壁的接合部装置了由计算机控制的机械旋转系统，使观测研究十分方便。用天文望远镜进行观测时，只需把天窗转到要观测的方向，再上下调整天文望远镜的镜头就可以了。在不用的时候，把圆顶上的天窗关起来，就可以保护天文望远镜不受风雨的侵袭。但并不是所有的天文台的观测室都要做成圆形屋顶。

俄罗斯杰连秋史卡亚天文台

英格兰巨石阵

天文台的雏形

巨石阵位于英格兰沙利斯伯里平原。它是由30根石柱上架着横梁，彼此之间用榫头、榫根相连，形成的一个封闭的圆阵。几块排列成马蹄形的巨石位于巨石阵的中心线上，开口正对着夏至日出的方向。巨石阵的东北侧有一条通道，在通道的中轴线上竖立着一块完整的砂岩巨石，高4.9米，重约35吨，被称为"脚跟石"。每年冬至和夏至从巨石阵的中心远望脚跟石，日出隐没在脚跟石的背后。科学家猜测，这很可能是远古人类为观测天象而建造的。

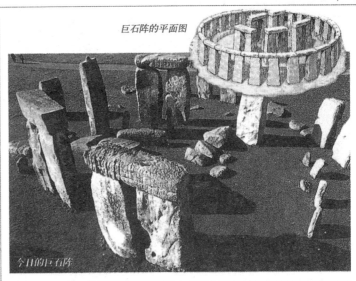

巨石阵的平面图

今日的巨石阵

河南登封观星台

中国现存最早的古天文台建筑

河南登封观星台是中国古代的天文观测台，位于河南省登封县城东南15千米，始建于元初（公元1279年前后），是中国现存最早的古天文台建筑，也是世界上重要的天文古迹之一。观星台的用途相当于测量日影的圭表。台上有两间小屋，一间放着漏壶，一间放着浑仪。中国古代以此测定一年的长度，从而为指定历法奠定了基础。经考证，除测量日影和计时以外，当年的观星台上可能还有观测星象的设施，并有过在此地观测北极星的记录。

北京古观象台

观测时间最长的天文台

北京古观象台，位于北京市建国门立交桥西南角，始建于明朝正统年间（约公元1442年左右），是世界上最古老的天文台之一。台上陈设有简仪、浑仪和浑象等大型天文仪器，台下陈设有圭表和漏壶。从明朝正统年间到1929年，北京古观象台连续从事天文观测近500年，在世界上现存的古观象台中，保持着连续观测时间最久的历史记录。它还以建筑完整和仪器配套齐全在国际上久负盛名。

北京古观象台

中国紫金山天文台

拥有我国最大近地天体探测望远镜的天文台

中国科学院紫金山天文台是我国最著名的天文台之一，始建于1934年，位于南京市东南郊外的紫金山上。紫金山天文台是一个综合性的天文台，它可以进行恒星、小行星、彗星和人造卫星的观测与研究，以及对太阳进行常规观测，研究太阳的活动规律并作出太阳活动预报。紫金山天文台有我国最大的近地天体探测望远镜。此外，紫金山天文台还是中国历法编算的权威机构，负责编算和出版每年的《中国天文年历》、《航海天文历》等历书工作。

第谷的天文台

1576年2月，天文学家第谷·布拉赫在丹麦海峡中的汶风岛上修建了大型天文台。这座天文台被誉为"天堡"，它规模宏大，设备齐全，所用的天文仪器几乎都是第谷自己设计制造的。其中最著名的是第谷象限仪，它是专门测量天体地平高度的仪器。这座天文台还有配套的仪器修造厂、印刷所、图书馆、工作室和生活设施。第谷在此工作了21年，测定了一系列重要的天文数据，他的测量结果与现代值都很接近。

第谷天文台

天文馆

天文知识普及机构

天文馆是以传播天文知识为主的科学普及机构。通过展览、讲座和天象仪表演以及编辑天文书刊等不同形式进行科学普及宣传。天文馆还建立了小型天文台，进行天体观测；组织天文小组活动，培养青少年天文爱好者；磨制小型光学望远镜，制作其他天文教学用具等。此外，天文馆还进行天文观测并从事一定的天文学研究工作。天文馆的仪器设备以天象仪为主。

人们坐在天象厅里观看天象仪投射的月亮和星空。

天象厅

天文馆中的"电影院"

天象厅是天文馆中的圆形大厅，半球形穹顶是天象仪投射天象图景的银幕。半球穹顶与地面之间设圆环状的垂直裙墙。天象厅的直径随天象仪的规格而定，最小的天象厅直径为6米，约有50个座位。有一些天象厅中的天象仪设计成升降式的，这种天象厅可兼做讲堂、全天域电影厅和科学魔术等演出用。

天象仪

天文现象的"放映机"

天象仪是一种表演天文现象的仪器，是天文馆中进行天文普及教育的主要工具，又称假天仪。天象仪的基本原理是通过星片把星空放映到半球型的银幕上，形成人造星空。通过配有精密齿轮传动系统的日、月、行星放映器把日、月、行星放映在人造星空中，它们的位置准确，运行的轨迹也和自然界一样，再加上一系列的附属仪器，就可以表演丰富多彩的天文现象。最初的天象仪只能放映某一固定纬度上的星空，后来经过改进，可以放映地球上任何纬度上的星空。

天象仪说明图
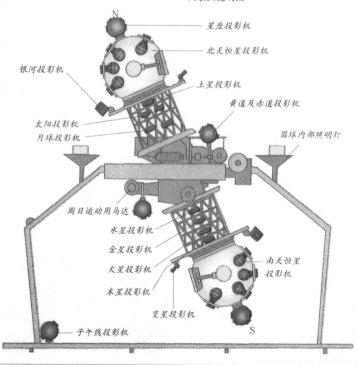

天球仪

天球的模型

天球仪是一种用于航海、天文教学和普及天文知识的辅助仪器，人们利用它表述天球的各种坐标、天体的视运动以及求解一些实用天文问题。球面上绘有亮星的位置、星名、星座以及天球坐标系几种的标志和度数。使用者可以通过调节天球仪看出在不同地理纬度上，不同日期不同时刻的星空景象以及某一天体的地平经度（方位角）和地平纬度（地平高度）。同样也可以显示出某一天太阳出没的时刻和方位、经天路径、中天时刻、高度和昼夜的长度。

星图

天体平面图

星图是将天体的球面视位置投影于平面而绘成的图，表示它们的位置、亮度和形态。它是天文观测的基本工具之一。星图种类繁多，有的用来辨认星星，有的用来认识某天体（或天象），有的用来对比发生的变异等等。有的星图只绘出恒星，有的星图则绘出各种天体。按使用对象的不同，有的星图供天文工作者使用，有的供天文爱好者使用。近世出版的星图按出版形式分为图册和挂图。星图上一般有坐标，大多数星图用赤经、赤纬。

· DIY 实验室 ·

实验：测量天体的黄道坐标

准备材料：1个天球仪、1张宽约2厘米长约2米的胶片、1支笔

实验步骤：将胶片的长度定为天球仪的子午圈的1/4；比照天球仪上赤经圈的刻度来刻画胶片的刻度，并用内插法将每一格进行分割，每隔1°刻画一条短线，每隔5°刻画一条长线标记；将软尺始端与黄道中心线重合，长边过该天体中心，另一端对准较近的一个黄极（如果天体位于黄道以北，就对准北黄极，反之则应对准南黄极）；根据软尺上的刻度读出该天体的黄纬，保持软尺不动，就可以在黄道上根据软尺的位置读出该天体的黄经。

原理说明：规则的天球仪是个正圆球，所以，天球仪上任一大圈都可以划分为相等的360份，一份为1°，因而我们可以根据地平圈、天赤道、黄道、子午圈等天球大圈来自制软尺。大家还可以据此测量天体的地平坐标等。

· 智慧方舟 ·

填空：

1. 天文台选中的地方要具备的条件有 _____、_____、_____ 等。

2. 目前已知的最古老的天文台建在 _____。

3. 河南登封观星台的台上两间小屋分别放着 _____、_____。

4. 用于表演天文现象的仪器称为 _____。

5. 天球仪的球面上绘有 _____、_____、_____、_____。

平面天球仪

选择：

1. 中国现存最早的古天文台建筑是?
   A 河南登封观星台　B 北京古观象台
   C 紫金山天文台　D 格林威治天文台

2. 在世界上现存的古观象台中，保持着连续观测最久的历史记录的天文台是?
   A 英格兰巨石阵　B 格林威治天文台
   C 河南登封观星台　D 北京古观象台

火箭

飞不久的纸飞机

1. 准备1块薄塑料板、1张稍微厚一些的纸片、1张稍微薄一些的纸片、胶水和剪刀；

2. 将塑料板用剪刀裁出飞机的各个简单的"零部件"，然后用胶水粘好，晾干；

3. 用力向天上扔，看塑料飞机能飞多高多远；

4. 将两张纸片分别叠成形状一样的纸飞机，用力朝天上扔，看是否比塑料飞机飞得更高。

想一想 为什么3只纸飞机都无法摆脱地面而飞不久，什么能让地球上的东西飞离它？

探空火箭
科学试验火箭

探空火箭是在近地空间进行探测和科学试验的火箭。利用探空火箭可以在地面垂直方向探测大气各层结构成分和参数，研究电离层、电磁场宇宙线、太阳紫外线和X射线、陨尘等多种日－地物理现象。探空火箭比探空气球飞得高、比低轨道运行的人造地球卫星飞得低，是30～200千米高空的有效探测工具。探空火箭所获取的资料可用于各种试验研究。它更适用于临时观察短时间出现的特殊自然现象。

所谓火箭是指用火箭发动机向后喷射高温高压燃气产生反作用力，以获得前进推力，向前运动的飞行器。它自身既带有燃料，又带有助燃用的氧化剂，用火箭发动机做动力装置，可在大气层内飞行，也可在没有空气的大气层外的太空飞行。运载火箭是其中的一种，还有军用火箭和导弹等。

我们这里的火箭是一种运输工具，它的主要任务是将具有一定质量的航天器（又称有效载荷）送入太空。

泰坦3C火箭

宇宙速度
逃离地球的三个速度级别

在地球上，物体的运动速度达到7.9千米/秒时，它所产生的离心力，正好与地球对它的引力相等，这个速度被称为第一宇宙速度；当物体运动速度达到11.2千米/秒时，能摆脱地球引力的束缚，飞离地球，这一速度叫第二宇宙速度；要摆脱太阳引力的束缚飞出太阳系，物体的运动速度必须达到16.7千米/秒，这一速度叫第三宇宙速度。物体离地球中心的距离不同，其环绕速度（第一宇宙速度）和脱离速度（第二宇宙速度）的数值略有差异。

早期理论中的火箭模型

控制室
高加速度吸收装置
推进剂泵
液态燃料箱
液态氧箱
操舵具

探空火箭的类别
气象、生物、地球物理

探空火箭通常可按研究对象分类，如气象火箭、生物火箭、地球物理火箭等。气象火箭多用于对100千米以下高度的大气进行常规探测；生物火箭用于外层空间的生物学研究；地球物理火箭用于地球物理参数探测，使用高度大多在120千米以上。

苏联的四种主要火箭

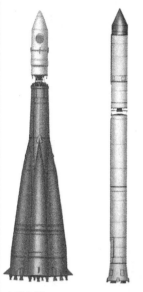

A 型火箭
最早用于发射"上升号"等的探空火箭，是苏联太空开发的一大支柱。

B 型火箭
为 2 节式 B 型火箭，后用于军事。

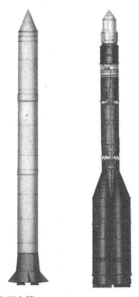

C 型火箭
2 节式火箭，称为 C 型火箭，是仅次于 A 型的第二常用火箭，以能同时把 8 个卫星送入轨道而扬名。

D 型火箭
又称质子火箭，用于发射质子卫星和重量级的航天器。

探空火箭的组成

有效载荷、火箭、发射装置和地面台站

探空火箭系统由有效载荷、火箭、发射装置和地面台站组成。有效载荷大多装在箭头的仪器舱内，有效载荷的重量和尺寸取决于探测要求。火箭包括箭体结构、动力装置、稳定尾翼等，大多数探空火箭为单级或两级火箭。动力装置通常用固体火箭发动机，可以简化和缩短发射操作时间。一般不设控制系统，仅靠稳定尾翼或火箭绕纵轴旋转来保证飞行稳定。发射装置通常用导轨和塔式发射架，使火箭获得足够大的出架速度。

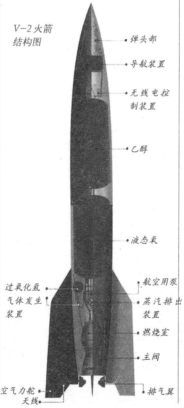

V-2 火箭结构图

- 弹头部
- 导航装置
- 无线电控制装置
- 乙醇
- 液态氧
- 过氧化氢气体发生装置
- 航空用泵
- 蒸汽排出装置
- 燃烧室
- 主阀
- 空气力舵天线
- 排气翼

探空火箭的发射

充分利用风的力量

探空火箭的飞行弹道受风的影响较大，为了保证达到预定的高度和减少弹道散布，探空火箭发射时需根据发射场的高空风资料采用风补偿技术来调整和确定发射角度。大多数探空火箭从地面以接近垂直状态发射，也有从移动式发射车上发射的，根据需要还可从舰船或升在空中的气球上发射。

我国主要发射场

酒泉、太原、西昌

我国的运载火箭发射场有三个：酒泉卫星发射中心、太原卫星发射中心和西昌卫星发射中心。酒泉中心是我国最早建设的发射场，具有得天独厚的地理优势，是发射载人航天器的理想场所。太原中心的气候是大陆性气候，它已成为我国发射极地轨道卫星的主要基地。西昌中心是我国最南端的发射场，对发射地球静止轨道卫星非常有利。国内的风云 2 号气象卫星、国外的"澳普图斯"等大型卫星都是从西昌发射升空的。

酒泉卫星发射中心

齐奥尔科夫斯基

　　康斯坦丁·齐奥尔科夫斯基（1857～1935），是苏联航空事业的奠基者。他首先从理论上证明，火箭可以在空间真空环境中工作，可以作为宇宙航行的动力。1903年，他提出火箭公式：火箭的速度与火箭发动机的喷气速度成正比；火箭自身的结构质量越小，火箭所获得的速度越高。这个公式后来被称为齐奥尔科夫斯基公式，也被誉为宇宙航行第一公式，它为宇宙航行奠定了理论基础。因而他本人也获得了"宇航之父"的美称。

宇航之父——齐奥尔科夫斯基

运载火箭的组成

结构系统、动力装置系统和控制系统

　　各种运载火箭主要的组成部分有结构系统（又称箭体结构）、动力装置系统（又称推进系统）和控制系统。此外，运载火箭上还有一些相对次要的由箭上设备与地面设备共同组成的系统。箭体结构是运载火箭的基体，它用来维持火箭的外形，承受火箭在地面运输、发射操作和在飞行中作用在火箭上的各种载荷，安装连接火箭各系统的所有仪器、设备，把箭上所有系统、组件连接组合成一个整体。

长征系列火箭

中国航天的骄傲

　　自从1970年4月24日长征1号首次发射成功以来，我国依次研制和投入使用了12种国产型号，形成了长征系列运载火箭家族，成为国际航天发射市场上的一个著名品牌。长征系列火箭前后总计进行了75次航天发射，共把近90颗不同类型的航天器送入了太空预定轨道，发射成功率达到了91%，充分展示了其性能的稳定性和可靠性。根据国际航天标准，运载火箭发射成功率只要达到90%，即达到了国际一流水平。

长征系列火箭模型

运载火箭的类型

固体、液体和固液混合

　　常用运载火箭按其所用的推进剂来分，可分为固体火箭、液体火箭和固液混合型火箭三种类型。按级数来分，运载火箭又可分为单级火箭、多级火箭。其中多级火箭按级与级之间的连接形式来分，又可分为串联型、并联型（俗称捆绑式）、串并联混合型三种类型。

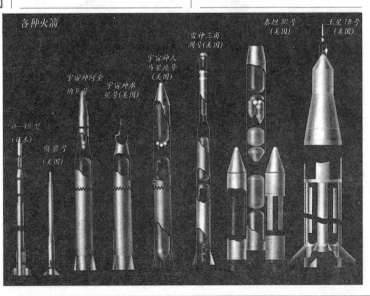

各种火箭

多级火箭
多个火箭的连接

多级火箭就是把几个单级火箭连接在一起，其中一个火箭先工作，工作完毕后与其他火箭分开，然后第二个火箭接着工作，依此类推。由几个火箭组成的就称为几级火箭。多级火箭的优点是每过一段时间就把不再有用的结构抛弃，无需再消耗推进剂来带着它飞行，可以使火箭达到足够大的运载能力。但是，级数太多不仅费用增加，可靠性降低，火箭性能也会因此变坏。

多级火箭的组合方式
串联、并联和混合式

多级火箭有三种组合形式：串联、并联和混合式。串联式火箭纵向连接成一个整体，结构紧凑，气动阻力小，发射设备简单。并联式火箭又称捆绑式火箭，各级横向连接，长度短，发射时所有的发动机可同时点火。并联式火箭的缺点是箭体横向尺寸大，发射设备复杂，费用高。在相同起飞重量的前提下，并联式火箭的运载能力稍低于串联式火箭。串联和并联同时使用的组合方式称混合式。目前，许多运载火箭都采用混合式多级火箭技术，这种火箭因在第一级火箭外围装有一枚或更多的助推火箭，又称为"捆绑式助推火箭"。

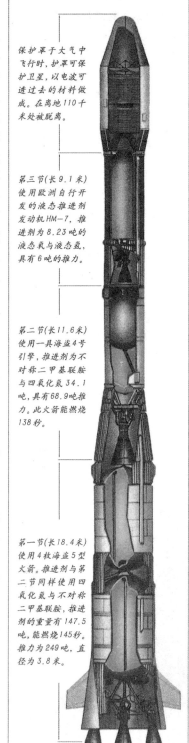

欧洲阿丽亚娜火箭结构图

保护罩于大气中飞行时，护罩可保护卫星，以电波可透过去的材料做成。在离地110千米处被脱离。

第三节(长9.1米)使用欧洲自行开发的液态推进剂发动机HM-7，推进剂为8.23吨的液态氧与液态氢，具有6吨的推力。

第二节(长11.6米)使用一具海盗4号引擎，推进剂为不对称二甲基联氨与四氧化氮34.1吨，具有68.9吨推力。此火箭能燃烧138秒。

第一节(长18.4米)使用4枚海盗5型火箭。推进剂与第二节同样使用四氧化氮与不对称二甲基联氨，推进剂的重有147.5吨，能燃烧145秒。推力为249吨，直径为3.8米。

全长47.4米

液体火箭
以液态燃料为推进剂

液体火箭是以液态燃料为推进剂的火箭。它的动力装置系统主要由推进剂输送和增压系统及液体火箭发动机两大部分组成。燃料和助燃物经由不同的管道送入引擎，这种液态推进剂的优点是可利用控制阀来控制其通行引擎的流量。推进剂从两条输送管注入燃烧室之后，在混合之前先通过喷射注入器喷成雾状，注入燃烧室内混合燃烧。燃烧过的气体，就从燃烧室经由喷嘴喷射去，使火箭朝反方向前进。

运载火箭的发射方式
海陆空全方位

运载火箭的发射大致有三种方式：从地面固定发射场发射、从空中发射、从海上平台发射。地面发射场规模大、设施齐全，可以发射多种型号的运载火箭；空中发射的话，飞机可以在不同地点的机场起飞，飞到地面上空任何地点发射，它不受地理位置的限制，具有很大的灵活性；从海上平台发射可以灵活选择发射地点，火箭落区的选择范围较大，进一步提高火箭的运载能力。

推力

重力

火箭发射方式原理图

发射窗口
火箭发射的合理时间

发射窗口是指对运载火箭发射比较合适的一个时间范围，这个范围的大小也叫作发射窗口的宽度。窗口宽度有宽有窄，宽的以小时计，甚至以天计算，窄的只有几十秒钟，甚至为零。决定窗口宽窄的因素有：地面观察的需要、地面目标光照条件的要求、航天器光照条件的要求、卫星轨道精度的要求和目标天体与地球相对位置的要求等。发射窗口是根据航天器本身的要求及外部多种限制条件经综合分析计算后确定的。

倒计时
发射前的最后读秒

倒计时是火箭发射时的最后阶段。当一切准备工作基本结束后，发射工作便进入倒计时阶段。倒计时阶段开始时，由指挥中心向有关部门统一发布口令。然后各部门根据时间统一勤务系统提供的统一时钟各自进入临射前的工作程序。一般运载火箭的倒计时从由发射窗口确定的发射时间前1个小时开始，然后是30分钟、15分钟、5分钟、1分钟，最后是从10开始倒数至1，运载火箭点火起飞。

发射过程
紧张周密的1小时

发射工作进入1小时准备后，发射场的各项工作均按时间程序由地面测试发射控制设备来操作。要先对箭上系统通电进行射前功能检查，箭上系统由地面供电转为由箭上电池供电，发射场的测控系统与各地测控跟踪站开始启动，到0秒时火箭点火。起飞后，分别完成程序转弯、助推器脱落、上面级火箭的点火与关机、级间分离和整流罩分离等。当火箭到达入轨点时，有效载荷与火箭分离，进入预定轨道运行，发射工作圆满结束。

火箭即将升入太空。

火箭推进
高压气体的反作用

火箭推进是一种精密的结构，它的原理主要是力学、热力学以及其他有关科学的运用，诸如电学等。火箭获得的推力是由高速喷出物反作用而生成。火箭的燃料经过燃烧室燃烧以后，会产生高温高压的气体，然后再经过一个喷嘴而加速，并排气到外界。这些气体便是推动火箭的原动力。现今运载火箭大多包含了液态火箭跟固态火箭，也就是说，一个火箭可能第一节是固态的而第二节却是液态的。

火箭开始发射阶段

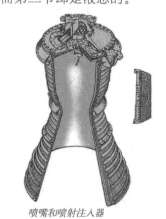
喷嘴和喷射注入器

土星火箭

飞往月球的动力

土星火箭是美国马歇尔太空中心所开发的巨型火箭。第一代的土星1号为2节式，第一节拥有8具 H-1 引擎，能产生670吨的推力。第二节采用能产生40吨推力的液态氢引擎。第二代为土星1B号，也是2节式，第一节基本上与土星1号相同，但推力稍微大些，第二节即使用1具推力90吨的J-2液态氢引擎。第三代是巨型火箭土星5号。它是3节式，能把130吨的卫星送上环绕地球的轨道。阿波罗计划就是由它来完成的。

火箭的飞行

弹道飞行

火箭要飞向太空时，载重量大了，如果产生不了应有的速度来克服地心引力，就会落回到地面上。这种飞行方式，就像石子投上天空时一样，叫作弹道飞行。这种飞行的特征是，当飞行到最高处时，速度等于零，在同一高度，下坠和上升时的速率相等。与一般常见的飞行物体一样，如果装载的东西轻，火箭就可以飞得远，而且也能够飞得比较快。

火箭的飞行原理

土星5号结构图说明：

- 导航控制装置
- 第三节火箭·S4B(J-2引擎一个)液态氢与液态氧，推力90吨，总重量130吨，直径6.6米。
- 第二节火箭·S2(J-2引擎5个)液态氢与液态氧，推力450吨，总重量520吨，直径10米。
- 第一节火箭·SIC(F-1引擎5个)煤油与液态氧，推力3,400吨，总重量2,400吨，直径10米。

土星5号结构图

低纬度发射场

火箭发射的最佳场地

在选择发射场时，应当尽量选择低纬度地区，最好选择赤道附近，这样才不会限制小轨道倾角卫星的发射。此外，低纬度发射场还可以使火箭得到更大的地球自转赋予的向东的初速度，提高运载能力。在向东发射时，能减少火箭所应提供的速度增加量。目前，国际上公认的理想发射场是设在南美洲圭亚那库鲁的发射场。

· DIY 实验室 ·

实验：火箭怎样飞上天

准备材料：1只气球、吸管、夹子、胶带、细线

实验步骤：吹大气球，用夹子夹住气球口；将吸管用胶带固定在气球上；将细线穿过吸管，把线两头分别系在两把相隔一定距离的椅子的背上，然后挪动椅子将细线拉紧；把夹子松开，气球向后喷出气体，迅速前行。

原理说明：当气球往外喷气时，被喷出来的气体对气球产生一个与气流相反方向的推力——反作用力。火箭升空时，燃料燃烧产生大量气体，这些气体从火箭尾部高速喷射而出，这样就使得火箭持续不断地获得反作用力而摆脱地球引力，升入高空。

· 智慧方舟 ·

填空：

1. 第一宇宙速度是_____，第二宇宙速度是_____，第三宇宙速度是_____。

2. 前苏联的质子火箭用于发射_____。

3. 国产长征系列火箭有_____种型号。国际一流水平的火箭发射成功率必须达到_____。

4. 运载火箭的发射方式有三种：_____、_____、_____。

5. 火箭发射倒计时的时间长约_____。

6. _____火箭将阿波罗十一号成功送上了月球。

7. 发射窗口是指运载火箭发射比较合适的一个_____。

人造卫星

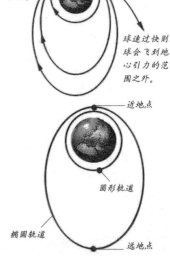

美国的大鸟卫星

人造卫星的观测与拍摄

　　1. 准备1台有B门的非自动相机、400°或感光度更高的胶卷、1个广角镜头（如：28毫米）、1根快门线、1个三脚架；

　　2. 在网上查到关于人造卫星的预报资料；

　　3. 选取亮于0等的人造卫星作为拍摄对象。提前15分钟在观测地将光圈放至最大档，对准预报天区，云台的水平及仰角先不要拧紧；

　　4. 一旦发现人造卫星，就立即确定它的未来路径，进一步调准相机取景。旋紧云台，按下快门键；

　　5. 在人造卫星消失后让相机继续曝光，长达3分钟，让恒星背景尽可能多些，更好地反映卫星轨迹。

　　想一想　人造卫星是怎样运行的，它的轨道是什么形状，它们会不会相撞？

人造卫星的飞行原理
离心力与向心力相等的状态

　　环绕一个物体飞行的另一个物体，其自身的离心力必须与所环绕物体的向心力大小相等、方向相反，这样才能保证一个相对恒定的状态。人造卫星的飞行原理与它相仿，只不过向心力是地球对它的引力。人造地球卫星能在地球轨道上运行，是因为它具有第一宇宙速度（7.9千米／秒），还有就是因为地球的引力（向心力）一直拉着它。如果卫星飞行速度过快，离心力超过地球的引力时，卫星就会脱离地球飞向远方的太空。

人　造卫星是环绕地球在空间轨道上运行（至少一圈）的无人航天器。人造卫星是发射数量最多、用途最广、发展最快的航天器。其发射数量约占航天器发射总数的90%以上。完整的卫星工程系统通常由人造卫星、运载器、航天器发射场、航天控制和数据采集网以及用户台(站、网)组成。人造卫星和用户台(站、网)组成卫星应用系统，如卫星通信系统、卫星导航系统和卫星空间探测系统等。

人造卫星的系统组成
专用系统和保障系统

　　人造卫星由包含各种仪器设备的若干系统组成，它们可分为专用系统和保障系统。专用系统与卫星执行的任务直接有关，大致分为探测仪器、遥感仪器和转发器。保障系统主要有结构系统、热控制系统、电源系统、无线电测控系统、姿态控制系统和轨道控制系统。

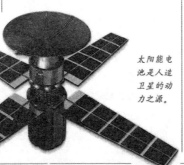

太阳能电池是人造卫星的动力之源。

人造卫星运行原理图

把球水平向前抛射出去。

球速慢就会掉下来。

球速过快则球会飞到地心引力的范围之外。

近地点

圆形轨道

椭圆轨道

远地点

人造卫星的轨道

一条封闭的曲线

所谓人造地球卫星轨道就是人造地球卫星绕地球运行的轨道。这是一条封闭的曲线。这条封闭曲线形成的平面叫人造地球卫星的轨道平面，轨道平面总是通过地心的。人造地球卫星轨道按离地面的高度，可分为低轨道、中轨道和高轨道；按形状可分为圆轨道和椭圆轨道；按飞行方向可分为顺行轨道（与地球自转方向相同）、逆行轨道（与地球自转方向相反）、赤道轨道（在赤道上空绕地球飞行）和极地轨道（经过地球南北极上空）。

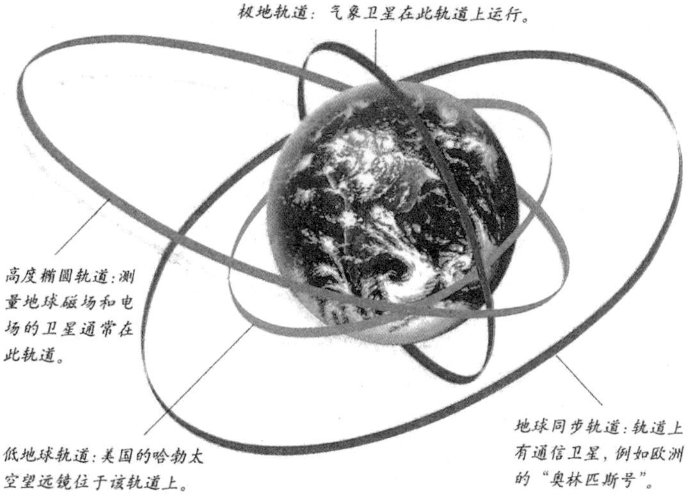

极地轨道：气象卫星在此轨道上运行。

高度椭圆轨道：测量地球磁场和电场的卫星通常在此轨道。

低地球轨道：美国的哈勃太空望远镜位于该轨道上。

地球同步轨道：轨道上有通信卫星，例如欧洲的"奥林匹斯号"。

人造卫星的各种轨道
人造卫星大致有图中所示的四种轨道，卫星轨道的选择，取决于卫星所承担的任务。

人造卫星的轨道安排

各就其位的安排

人造地球卫星的轨道应根据其任务和应用要求来选择。例如，对地面摄影的地球资源卫星、照相侦察卫星常采用圆形低轨道；若为了尽量扩大空间环境探测的范围，卫星可采用扁长的椭圆形轨道；为了节省发射卫星时消耗的能量，卫星常采用赤道轨道和顺行轨道；对固定地区进行长期连续的气象观测和通信的卫星，常采用地球静止卫星轨道；需对全球进行反复观测的卫星可采用极地轨道。

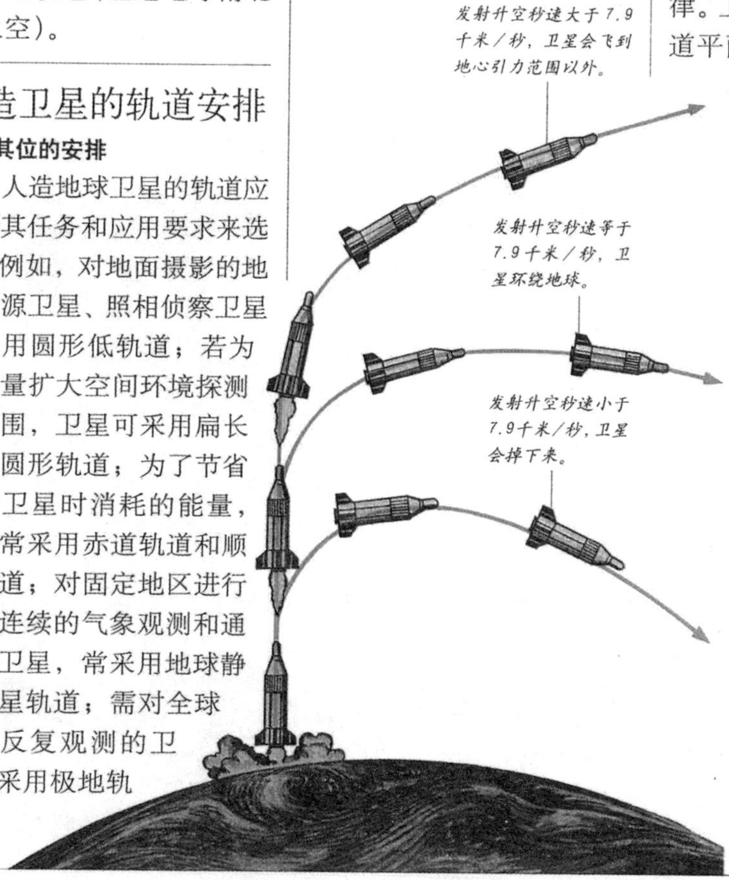

发射升空秒速大于7.9千米/秒，卫星会飞到地心引力范围以外。

发射升空秒速等于7.9千米/秒，卫星环绕地球。

发射升空秒速小于7.9千米/秒，卫星会掉下来。

人造卫星的轨道倾角

卫星轨道的定位参数

人造地球卫星绕地球运行遵循开普勒行星运动三定律。卫星轨道平面与地球赤道平面的夹角叫轨道倾角，它是确定卫星轨道空间位置的一个重要参数。轨道倾角小于90°为顺行轨道；轨道倾角大于90°为逆行轨道；轨道倾角为0°则为赤道轨道；轨道倾角等于90°则为极地轨道。轨道倾角越大，星下点轨迹的范围越大，卫星所覆盖的南北范围也越大。要想随时确定卫星轨道的空间位置，除应知上述半长轴、半短轴和轨道倾角参数以外，还需要了解升交点赤经和近地点幅角两个参数。

升交点赤经和近地点幅角

在了解升交点赤经和近地点幅角之前，应先了解春分点和升交点。在地球和太阳的相对运动中，假定地球不动，则太阳绕地球运行。当太阳从地球的南半球向北半球运行时，穿过地球赤道平面的那一点叫春分点。人造地球卫星绕地球运行，从南半球向北半球运行时，穿过地球赤道平面的那一点叫升交点。升交点赤经就是从春分点到地心的连线与从升交点到地心的连线的夹角所对弧长。近地点幅角就是从升交点到地心的连线与从近地点到地心的连线的夹角。

卫星运行在地球上空。

星下点

人造卫星在地球表面的投影

人造卫星在轨道上的每个位置都会在地球表面有一个投影，它叫星下点。所有星下点连成的曲线叫星下点轨迹。相邻两条轨迹在同一纬度上的间隔正好等于地球在卫星轨道周期内转过的角度。根据星下点轨迹，可以预报卫星什么时候从什么地方上空经过。特殊轨道的卫星的星下点轨迹也是特殊的，如地球静止轨道卫星的星下点轨迹，则是一个"8"字，其交叉点在地球赤道上。

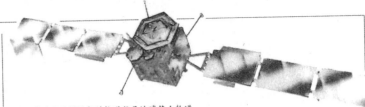

国际移动卫星所运行的轨道就是地球静止轨道。

地球同步轨道

与地球自转同步的轨道

卫星在顺行轨道上绕地球运行时，其运行周期（绕地球一圈的时间）与地球的自转周期相同。这种卫星轨道叫地球同步轨道。如果地球同步轨道卫星正好在地球赤道上空离地面35 786千米的轨道上绕地球运行，由于它绕地球运行的角速度与地球自转的角速度相同，从地面上看去它好像是静止的，这种卫星轨道叫地球静止卫星轨道。地球静止卫星轨道是地球同步轨道的特例，它只有一条。

太阳同步轨道

与地球公转同步的轨道

太阳同步轨道是轨道平面运动方向与地球公转方向大致相同，进动角速率等于地球公转平均角速率（0.9856°／日或360°／年）的人造地球卫星轨道。它保证卫星每天以相同时间经过同一纬度上空的轨道。卫星运行的周期是由所在的轨道决定，因此，这样的轨道是可以确定的。选择太阳同步轨道，能保证卫星每天在特定的时刻经过指定地区，便于获得最好的太阳光条件，从而得到高质量的地面目标图像。

极地轨道

经过地球两极上空的轨道

极地轨道是轨道倾角为90°的航天器轨道，可将地轴包括在轴道面内。倾角接近90°的轨道也叫极地轨道。处在这种轨道上的卫星每运行一圈都经过地球两极或两极附近。在这种轨道上运行的卫星可以飞经地球上任何地区上空，这是其他轨道倾角的人造卫星所做不到的。太阳同步轨道接近于极地轨道。我国发射过此类轨道的卫星。长征二号丙改进型火箭以一箭双星的方式分6次发射的12颗美国铱星运行的就是这种轨道。

人造卫星的种类
卫星"家族"

人造卫星按运行轨道可分为：低轨道卫星、中高轨道卫星、地球静止轨道卫星、极地轨道卫星等。按用途可以分为：科学卫星、技术试验卫星和应用卫星，其中应用卫星直接为国民经济和军事服务，又可细分为军用卫星和民用卫星以及军民两用卫星。军用卫星中最主要的是侦察卫星（它可分为照相侦察卫星、电子侦察卫星、海洋监测卫星、导弹预警卫星）、军用通信卫星、军用气象卫星和军用导航卫星等。正是这些种类繁多、用途各异的人造卫星为人类带来了巨大的便利。

欧洲第一颗地球资源卫星

各种各样的人造卫星

地球资源卫星
太空探宝员

资源卫星是专门用于勘探和研究地球资源的卫星。它用星上设备获取地面各种目标的遥感信息，并将信息发回地面接收站。地面接收站对信息进行处理，就可以得到各类资源的分布和其他有用的信息。它能"看穿"表面地层，发现地下矿产、历史古迹、地层构造，能普查农作物、森林、海洋等资源，能预报农业收成和疫病发生，还能预报自然灾害等。资源卫星可以分为陆地资源卫星和海洋资源卫星，一般采用太阳同步轨道。

图中两只小狗作为生物科学实验对象，曾进入太空。

导航卫星
太空中的无线电导航台

导航卫星是设在太空中的无线电导航台，不受昼夜和气象条件的限制，可以为飞机、船舶、车辆、卫星和导弹进行导航。导航卫星网由数颗至数十颗卫星组成，也称导航卫星星座，具有全球和近地空间的立体覆盖能力。导航卫星按导航方式不同可分为多普勒测速和时间测距导航卫星，根据轨道高度可以分为低轨道、中高轨道和地球同步轨道导航卫星。导航卫星多采用L频段或更高频无线电波进行联络。导航卫星在军事上的应用也很广泛。

生物卫星
空中生物实验室

生物卫星是返回式卫星的一种，也属于技术试验卫星。它用于生命科学实验。生物卫星是为人类上天开辟道路的先驱，实验的对象有狗、猴子、猩猩、小白鼠、细菌、细胞组织、各类植物和种子。实验的目的是了解空间环境对生命的影响，为人类上天铺平道路。1957年11月3日，苏联发射了一颗载有一只名叫"莱伊卡"小狗的人造卫星——苏联伴侣2号生物卫星，这是世界上第一颗生物卫星，这也是第二颗人造卫星。

气象卫星

空间气象台

气象卫星是对地球及其大气层进行气象观测的人造地球卫星。它的最大特点是具有很短的覆盖周期。极轨气象卫星可实施全球覆盖，每天对同一地区观测2次；地球静止轨道卫星可持续地对同一地区观测，每隔30分钟即可获得一幅地球圆盘图像，这对监视灾害性天气很有利。这两种卫星基本可以做到对全球的连续监测。气象卫星提供了常规观测手段无法获取的大量信息，从根本上解决了广大海洋水域和人烟稀少地区气象资料观测不足的难题。

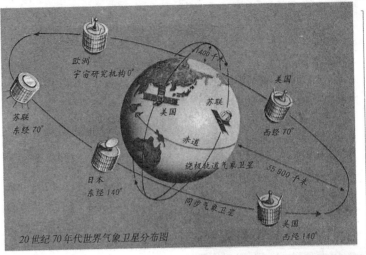

20世纪70年代世界气象卫星分布图

通信卫星

空间无线电通信站

通信卫星是用作无线电通信中继站的人造卫星，是卫星通信系统的空间部分。它主要靠卫星上的通信转发器和通信天线来完成通信任务的，它们是设在卫星上的微波中继站。通信卫星一般运行在地球静止轨道上，它可以定点在赤道某一个地区上空，使卫星天线指向固定的地区，从而实现两地的连续通信。如果在地球静止轨道上每隔120°放置一颗卫星的话，就能实现除两极以外的全球通信。

通信卫星工作示意图

天文卫星

天文观测和探索"工作人员"

天文卫星是主要用于天文观测和探索的人造卫星。天文卫星上装有各种不同的探测仪器，它指向精度高、结构要求高。按照观测的目标不同可以分为两大类：以观测太阳为主的太阳观测卫星和以探测太阳系以外的天体为主的非太阳探测天文卫星。各种空间望远镜都是天文卫星。目前世界上已经发射了许多各种用途的天文卫星。随着天文探测的不断发展，更加先进的天文卫星会越来越多。

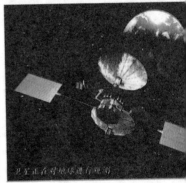

卫星正在对地球进行观测

军用卫星

军队中的特殊"士兵"

军用卫星是用于各种军事目的的人造卫星。20世纪50年代末，美国和苏联意识到卫星在军事上的重要价值，开始研制军用卫星。目前，全球军用卫星的数量约占世界各国航天器发射数量的三分之二以上。军用卫星按用途一般可分为侦察卫星、军用气象卫星、军用导航卫星、军用测地卫星、军用通信卫星和拦击卫星。战时，一些民用卫星也可用于军事用途。不同的军事卫星在战争中扮演着不同的角色，起着不同的作用。

军用通信卫星
战争时的"通信员"

军用通信卫星是服务于现代战争需要的人造卫星。军用通信卫星具有抗干扰性好、机动灵活性大、可靠性高、保密性和生存力强等突出优点。既可以进行大规模固定台站之间的大容量通信，也可以在移动的台站之间进行可靠的通信，而且还可以在航海中的舰艇上使用卫星通信。军用通信卫星的发展方向为：通信频率将向更高频段发展，可以使地面通信终端小型化，更机动灵活；通信方式向可变式发展，这样可以提高抗干扰能力和灵活性。

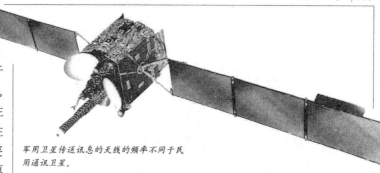

军用卫星传送讯息的天线的频率不同于民用通讯卫星。

侦察卫星
卫星中的"侦察兵"

侦察卫星是窃取军事情报的卫星。这类卫星视野宽广，能够大面积地进行侦察，而且速度非常快，是其他侦察手段无法相比的。另外，卫星运行中不受大气层中气流的干扰，也没有发动机的震动，为进行精密侦察提供了良好的环境。因此，侦察卫星的应用备受关注。在已发射的军事卫星中，侦察卫星的数量约占四分之三。侦察卫星根据任务和侦察设备的不同，可以分为照相侦察卫星、电子侦察卫星、海洋监视卫星和导弹预警卫星。

小卫星
飞行在太空中的"小精灵"

国际航天界一般将发射重量在 1 000 千克以下的卫星称为小卫星。它具有许多大卫星所无法比拟的优点：发射方式灵活——小卫星既可搭载大卫星一起发射，也可一箭多星发射或用廉价运载火箭发射；研制发射成本低——由于采用成熟的先进技术，运用科学的管理手段，加之可以搭载发射和以一箭多星发射，因而小卫星整个研制和发射成本较低；研制周期短——国外一些航天大国的现代小卫星，从立项研制到发射一般仅需 1~2 年。

卫星遥感
以卫星为遥感平台的技术

利用人造卫星装载的科学仪器，实现对地球的观测和监控，称为卫星遥感。卫星遥感可分为可见光遥感、红外遥感和微波遥感。可见光遥感就是利用太空相机根据不同物体对不同波长的光线具有不同反射能力的原理对地面拍照。红外遥感依据物体辐射的红外光，推算出它们的温度，从而识别伪装并可进行夜间观察。微波遥感中的侧视雷达向卫星侧面发射雷达波，然后接收地物的反射，把收到的信号经过处理在胶片上成像，获得地物、地貌的特征，具有鲜明的立体感，因此应用广泛。

侦察卫星利用各种各样的高科技侦察设备对目标实施侦察、监控、搜集情报，所以也有人叫它们"太空间谍"。

第二代米特斯达卫星在大西洋上空的同步轨道上跟踪气旋、飓风等气候征兆。

地球资源卫星能够确定巴西热带雨林被砍伐的地点。

欧洲遥感卫星通过雷达观测地质断层的变化，能预测地震。

航天飞机携带遥感设备来观测火山喷发。

间谍卫星利用功能强大的望远镜来侦探可能发生纠纷的地区。

各种卫星的功能

VSAT卫星通信系统
超小型地球站

　　VSAT卫星通信系统是一种智能化的超小型地球站。它由两大部分组成：一是空间部分，一是地面部分。其空间部分就是卫星，一般使用地球静止轨道通信卫星，卫星可以工作在不同的频段。VSAT卫星通信系统的地面部分由中枢站、远端站和网络控制单元组成，中枢站的作用是汇集卫星传来的数据然后向各个远端站分发数据，远端站是卫星通信网络的主体，一般远端站直接安装于用户处，与用户的终端设备连接。

这张由人造卫星拍摄的图片显示南极大陆大气层中有一个洞。

卫星遥感系统
卫星遥感的技术组成

　　卫星遥感系统由遥感器、信息传输设备以及图像处理设备等组成。装在卫星上的遥感器是卫星遥感系统的核心，它可以是照相机、多谱段扫描仪、微波辐射计或合成孔径雷达。信息传输设备是遥感器向地面传递信息的工具。图像处理设备对接收到的遥感图像信息进行处理，以获取反映地物性质和状态的信息。

反卫星卫星
制约卫星的航天器

　　反卫星卫星是针对卫星而研制的一种制约卫星使用的航天器。目前用于反卫星的手段多种多样：一是在反卫星卫星上装有杀伤性武器，如导弹、激光等，把对方的卫星摧毁；另一种方法就是利用无线电干扰的办法，不断发射强大的无线电波，干扰对方的通信，使它的指挥失灵，线路中断。还有一种办法就是擒拿，先计算出对方卫星的轨道，然后反卫星卫星进行变轨，跟踪并接近目标卫星，用机械手把卫星擒住，装入容器，甚至可以带回地面。

卫星地面测控技术
卫星运行的地面保障

　　卫星的地面测控由测控中心和分布在各地的测控台、站（测量船和飞机）进行。测控中心和各测控台站要不断对其速度姿态参数进行跟踪测量，不断精化其轨道根数；还要对星上仪器的工作状态进行测量、分析和处理；接收卫星发回的科学探测数据；由于受大气阻力、地球形状和日月等天体的影响，卫星轨道会发生振动而离开设计的轨道，因此要不断地对卫星实施轨道修正和管理。

地面测控站的无线电雷达

卫星测控中心

卫星地面测控的"心脏"

卫星测控中心是卫星地面测控的核心。卫星测控中心的计算机大厅里有众多的大型计算机。另外，还有对卫星进行管理的程序系统，包括管理程序、信息收发程序、数据处理程序、轨道计算程序、遥测遥控程序和模拟程序等。这些硬件和软件，既有计算功能，又有控制功能，它们是测控系统的大脑。测控中心还有通信系统，它通过大量的载波电路、专向无线电线路、各向都开通的高速率数据传输设备，把卫星发射场、回收场以及各测控台站等都联系起来。

返回式卫星

按计划回收的卫星

返回式卫星是发射到卫星轨道上之后，又按照一定程序安全收回地面的卫星。返回式卫星主要用于对地观测，有时也用于科学技术试验。一般情况下，主要发射两类返回式卫星：一类用于国土普查，一类用于地图测绘。返回式卫星的作用有：进行了大量的技术试验；开展国土普查；进行了空间微重力试验研究，包括植物、动物、微生物、种子、金属和半导体器件等多方面的研究。目前，我国已成功回收了20颗返回式卫星。

西安卫星测控中心的指挥控制大厅

· DIY实验室 ·

实验：卫星飞行

准备材料：1个较大的盆、1个玻璃球

实验步骤：晃动盆子，看玻璃球如何滚动；用力由小变大，观察实验的不同结果，注意安全。

原理说明：在高空轨道上，卫星的离心力和地球的引力大小相等，方向相反，所以卫星能够在一定高度上，持续围绕着地球旋转而不落下。不同高度和纬度上飞行的卫星，地球的引力大小不等，卫星运动所产生的离心力也不一样，因而其速度和轨道形状也不一样。

· 智慧方舟 ·

填空：

1.人造卫星的系统可分为_____、_____。

2.人造卫星按运行轨道可分为_____、_____、_____。

3.气象卫星的最大特点是_____。

4.国际航天界把发射重量在_____千克以下的卫星称为小卫星。

5.卫星遥感可分为_____、_____、_____。

6.VSAT卫星通信系统由_____、_____两大部分组成。

选择：

1.轨道倾角为90°或接近90°的轨道是？

　A.地球同步轨道　B.太阳同步轨道　C.极地轨道　D.赤道轨道

2.专门用于勘探和研究地球资源的卫星是？

　A.侦察卫星　B.导航卫星　C.地球资源卫星　D.天文卫星

太空探测器

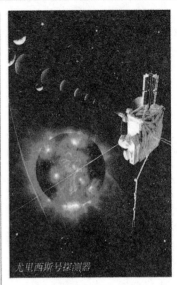

炽热的星球

1. 准备1张纸、乙醚、棉花球、镊子、密闭容器。

2. 把纸捏成团,用镊子夹着蘸有乙醚的棉花球,把乙醚抹在纸团上。

3. 将纸团放在容器中,把容器密封,把容器周围加热。

4. 仔细观察,纸团很快就燃烧起来。

想一想 把纸团看成行星探测器,探测器在不同的行星上着陆后会怎么样呢?

太空探测器是无人驾驶的航天器,它是高度精密的自动控制装置。太空探测器的运行轨道比人造卫星的轨道更远,它们按预定路线飞往目标,然后自动工作并通过无线电把探测结果发回地球。迄今为止,各种太空探测器已先后对月球、水星、金星、火星、木星、土星、天王星、海王星、哈雷彗星以及许多小行星、卫星进行了距离或实地考察,获得了丰硕的成果。以后,形形色色、多姿多彩的太空探测器必将在探索太空、开发宇宙中发挥更重要的作用。

探险者号探测器

探测地—日关系的探测器

探险者号总共有 55 颗。它们属于地球探测器,因为它们的主要任务是:探测地球大气层和电离层;测量地球高空磁场;测量太阳辐射、太阳风、研究日—地关系;探测行星际空间;测量和研究宇宙线和微流星体;测定地球形状和地球引力场。这些探测器传回环境模式,使人类更多地了解了太阳质子事件对地球环境的影响,加深了对日—地关系的认识。

探访木星的探测器

尤里西斯号探测器

太阳极轨的探路人

尤利西斯号探测器是美国于 1990 年 10 月 6 日送入太空的探测器,探测器重 385 千克,装有 9 台科学仪器。它的探测任务主要是:一是太阳风和太阳磁场的三维结构情景;二是太阳的日冕、耀斑和电磁辐射的原因及变幻情景;三是太阳系星际空间、行星际气体的空间分布情景;四是太阳极区宇宙尘埃、宇宙射线、等离子及重力波脉冲等成因及活动情景。当尤利西斯号从太阳南极上空跨太阳赤道飞向太阳北极上空时,可以对太阳表面进行全方位观测。

尤里西斯号探测器

太阳和日球观测台
研究太阳内部结构的探测器

美国和欧洲合作研制的太阳和日球观测台太阳探测器于1995年12月2日升空，它载有三类仪器：太阳大气遥感仪、太阳风测量仪和太阳震动测量仪。这些仪器目前已用于太阳内部结构的研究。经过探测，它提供了一些科学数据，使太阳磁暴危害得到了预防并且降低。而且太阳和日球观测台所带回的资料表明，太阳的寿命可能比原来估计的还要长10亿年。

先驱者号探测器
第一张土星照片的摄影师

先驱者号探测器是美国在1958年10月到1978年8月之间发射的，总共有13个。用来探测地球与月球之间的空间，金星、木星、土星等行星及其行星际空间。其中以先驱者10号、11号最为引人注目。先驱者10号拍摄了第一张木星照片，并进行了十几项实验和测量，向地球发回了第一批木星资料。先驱者11号以探测土星为主要责任，它探测到了土星的轨道和总质量，测量了土星大气成分、温度、磁场，发现了两个新光环。

在太空飞行的探测器

金星号探测器
探测金星的先锋队

金星探测器系列是苏联在1961年起发射的16个探测器。1961年2月12日，苏联发射了金星1号探测器；1967年6月12日发射的金星4号探测器进入金星大气层，成功登陆金星表面但未能发回探测结果；1970年12月15日，金星7号在金星实现软着陆，成功传回金星表面温度等数据资料；此后，苏联又相继发射了9个金星号探测器，考察了金星表面和岩层，拍摄了大量金星图像，取得了许多重要的科学数据。

麦哲伦号探测器
第一张金星地图的拍摄者

1989年5月5日，麦哲伦号金星探测器进入太空。它重3 365千克，装有一套先进的电视摄像雷达系统，能透过厚实的云层测绘出金星上一个足球场大小的物体图像。它于1990年8月10日飞临金星，每隔40分钟向地球传回测得的数据和拍摄的照片。麦哲伦号探测器首次获得第一张完整的金星地图和引力分布图，为研究认识金星上的地质地貌提供了形象的资料。

伽利略号探测器

伽利略号探测器
木星考察者

1989年10月18日，美国亚特兰蒂斯号航天飞机将伽利略号木星探测器载入太空。这个专门探访木星的探测器重2 550千克，装有两台用钚-238做燃料的发动机和最先进的科学观测仪器。它的主要考察目标是木星及其当时已知的16颗卫星，并施放一个探测装置直接进入木星大气层考察。1990年2月9日，伽利略号飞过金星时做了顺路探访。1995年12月7日，伽利略号抵达木星，对木星大气层和辐射带进行了详细考察。

麦哲伦号探测器

旅行者号探测器

太阳系行星的研究人

1977年8月20日和9月5日,美国发射了旅行者2号和1号探测器,这两个探测器沿着两条不同的轨道飞行。这种探测器本身重约816千克,携带有105千克科学探测仪器。它的主体是扁平的十面棱柱体,顶端装有一根直径为3.7米的抛物面天线,左右两侧各伸出一根悬臂,较长的一根是磁强计支柱,短的一根是科学仪器支架。它们接连对木星、土星、天王星和海王星进行了探测,提供了丰富的太阳系行星的探测资料。

地球之声

在旅行者1号和2号探测器里带有一套"地球之声"唱片。这套唱片由镀金的铜板制成,直径30厘米,可放音120分钟。它代表了我们的声音、科学、形象、音乐、思想和感情。这套唱片通过照片、图表、问候语、各种声音以及音乐节目向地球以外的生物介绍自己。它装在一个密封的铝盒里,把人类的信息带出太阳系,进入茫茫太空去寻找自己的知音。人们期待它们能传来佳音。

土星探测器

卡西尼号探测器

最复杂的探测器

卡西尼号探测器是美国和欧洲合作的土星探测器,已于2004年6月飞抵土星,开始对土星及其光环和卫星进行透彻观测研究。卡西尼号探测器是人类有史以来建造的最复杂也是最可靠的太空探测器,不仅安装有12台探测设备,还携带了可在太空发射的惠更斯号探测器。

海盗号的登陆船

海盗号探测器

火星上生命迹象的寻访者

1975年美国发射了两个海盗号探测器,用于探索火星上有无生物。这两个海盗号探测器由轨道飞行器和登陆船组成,长5.08米,重3 530千克,其中轨道飞行器重2 330千克,登陆船重1 200千克,用三脚支撑,装有生物化学实验箱、测量挖掘设备、两台电视摄像机、机械手和电源。海盗1号和2号分别在火星表面软着陆成功,然而在长达数年的探测活动中,没有发现火星上有任何高级生命的迹象。

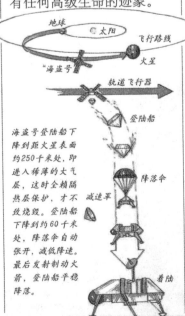

地球　太阳　飞行路线

"海盗号"　火星

轨道飞行器

登陆船

海盗号登陆船下降到距火星表面约250千米处,即进入稀薄的大气层,这时全靠隔热层保护,才不致烧毁。登陆船下降到约60千米处,降落伞自动张开,减低降速。最后发射制动火箭,登陆船平稳降落。

降落伞

减速舱

着陆

磁力针

磁力

碟形天线

核电池

射电天文天线

助推器

航天辅助系统单元

宇宙线探测器

等离子体探测器

科学仪器架

带电粒子探测器

红外仪

电视摄影机

旅行者1号太空探测器

火星观察者号探测器
在火星上"失踪"的探测器

1992年9月25日,火星观察者号探测器发射成功,它重2,500千克,携带7部仪器。经11个月飞行了0.72亿千米后到达距火星表面378千米的近极轨道,对火星进行了长达687天的观测考察,绘制了整个火星表面图,预告火星天气,并测量了火星各种数据,进一步提示火星上无生命。不过1993年8月21日,火星观察者号探测器突然与地面失去联系,这次探测就此告终。

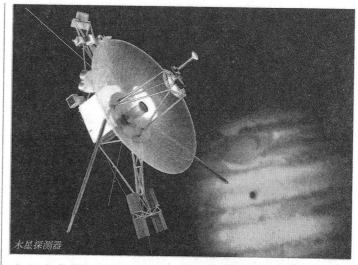
木星探测器

火星探路者号探测器
火星上存在过生命的证据提供者

火星探路者号于1996年12月发射,1997年7月抵达火星,并在火星着陆。其目的是利用遥感火星车对火星表面较大区域进行探测。探测器发回了火星360°全景照片和一些支持火星可能存在生命的证据。科学家发现火星上暴发过多次洪水,并有众多由水冲击而来的圆形岩石,其中许多岩石沿同方向排列,表明它们受到同样水流的冲击。科学家推测当时洪水有数百千米宽,水流量为每秒100万立方米。

火星全球勘测者号探测器
火星地图绘制者

1996年11月7日,美国火星全球勘测者号探测器发射升空,其发射质量为1 060千克。它的主要任务是:拍摄火星表面的高分辨率图像,对火星地貌和重力场、火星天气和气候、火星表面和大气的组成等进行探测。探测器在距离火星367千米的高空对火星表面进行拍摄,到一个火星年(687天)结束时,勘测者已绘制完火星99%的表面图。目前,探测器仍在不断发回探测数据。

正在执行任务的太空探测器

火星快车号探测器
在火星表面发现水痕迹的首个探测器

欧洲宇航局研制的第一个火星探测器——火星快车号探测器由俄罗斯联盟－FG号运载火箭在哈萨克斯坦拜克努尔卫星发射场发射升空。其内的猎兔犬1号和2号着陆器在火星着陆,但猎兔犬2号与地面失去联系。欧洲航天局根据返回的照片于2004年1月23日发布公告称,正在环火星轨道上运行的欧洲火星快车号探测器在火星表面发现了水的痕迹。据悉,这是人类首次在火星表面发现水。

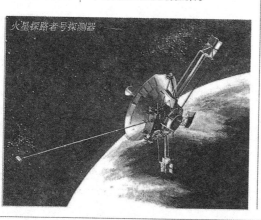
火星探路者号探测器

科幻画：登陆火星的着陆器

火星漫游者号探测器
证实火星上存在过液态水的"证人"

两个火星漫游者号探测器在2003年6月从美国肯尼迪航天中心发射升空，分别携带勇气号和机遇号着陆器，于2004年1月在火星着陆，主要探测内容是寻找火星上水的踪迹。探测器长16米、宽23米、高15米，重174千克，其携带的显微镜成像仪，能够以几百微米的超近距离对火星岩石纹理进行探测，其他仪器能够分析岩石的构成。探测器还有一个钻机，能在火星岩石上钻出直径45毫米、深约5毫米的洞，对岩石内部进行探测。探测器对火星岩石的探测表明，火星上曾经存在过液态水。

维加号探测器
哈雷彗星的首位观测员

1984年12月15日和21日苏联先后发射了维加1号和维加2号自动行星际站。这种探测器重4 000千克，装有质谱仪、磁强计、电子分析器、电视摄像机及其他科学探测装置。维加1号和维加2号分别拍摄到了哈雷彗星彗核照片，显示出彗核是由冰雪和尘埃粒子组成的。经过比较分析，科学家认为哈雷彗星核的形状如同花生壳，长约11千米，宽4千米。并存在二氧化碳和简单的有机分子。

乔托号探测器
和哈雷彗星"亲密接触"过的探测器

1985年7月2日，欧洲空间局发射了一个名叫乔托号的哈雷彗星探测器。它的外形是一个直径1.8米、高3米的圆柱体，重950千克。飞行8个月后，于1986年3月14日从哈雷彗星的彗核中心607千米处掠过，拍摄了1 480张彗核照片。照片上显示彗核形状不平、参差不齐，彗核长15千米，宽8千米，比维加号测得的数据大一些，乔托号对哈雷彗星的探测具有重要价值。

接近目标的探测器

星尘号探测器
彗星逃逸物的收集人

1999年2月7日，星尘号探测器被送入太空。它的主要任务是在2004年1月飞到维尔德2号彗星，在穿过彗尾时采集从彗星逃逸出来的尘埃和气体样本，这样就可以在这些样本中收集到长达45亿年之久的粒子，并在两年后送回地球供科学家分析。这将是人类首次把除月球以外的样本送回地球。这些样本可为宇宙形成和地球生命起源的研究提供重要线索。此外，星尘号还要在其旅途中收集星际尘埃物质。

飞离地球的探测器

罗塞塔号彗星探测器

彗星飞行的同路人

欧洲在2004年2月发射了一个彗星探测器——罗塞塔号。它将于2014年飞至车里尤莫夫－吉拉斯曼科彗星附近，释放小型着陆器，该彗星上进行取样分析，预计1年后，将完成使命并回到地球附近。罗塞塔号拟首次实现近距离绕彗星运行、首次伴彗星一起在接近太阳的过程中边飞行边观测，并首次在彗核表面实现软着陆。

霍曼轨道

1925年奥地利科学家霍曼提出飞向行星的最佳轨道只有一条，就是与地球轨道及目标星轨道同时相切的双切式椭圆轨道。这条最佳轨道叫霍曼轨道。它利用地球和行星的公转运动，使探测器仅在初始阶段得到必要的速度，然后大部分时间是惯性飞行，这就节省了燃料，只是飞行的时间较长。将来如果研制成性能更好和推力更大的火箭，如采用原子火箭、光子火箭，则可中途加速或接近直线飞行，就会缩短星际航行的时间。

霍曼轨道是探测器飞向行星的最佳轨道。

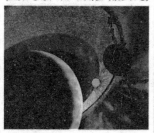

·DIY实验室·

实验：金星上的压强

准备材料：1个乒乓球、1个带活塞的密闭容器

实验步骤：将乒乓球放入密闭容器中；把容器密封；慢慢往里推动活塞；仔细观察乒乓球的变化。

原理说明：我们会看到乒乓球会"嘭"一声裂开一条缝，然后慢慢乒乓球向内凹陷。这是因为容器中的压强变大，大于乒乓球内气压，所以使球凹陷。在金星上的大气压比地球的大气压要大90倍，探测器一着陆很容易被压碎。所以金星探测器要有极佳的抗压性。

·智慧方舟·

选择：

1. 第一个太阳极轨探测器是？
   A.太阳与日球层观测台
   B.尤里西斯号探测器
   C.先驱者号探测器
   D.探索者号探测器

2. 第一次拍摄土星照片的探测器是？
   A.麦哲伦号探测器　B.尤里西斯号探测器　C.先驱者号探测器
   D.卡西尼号探测器

3. 首次获得第一张完整的金星地图和引力分布图的是？
   A.麦哲伦号探测器　B.伽利略号探测器　C.旅行者号探测器
   D.卡西尼号探测器

4. 详细考察了木星大气层和辐射的是？
   A.卡西尼号探测器　B.海盗号探测器
   C.旅行者号探测器　D.伽利略号探测器

5. 人类有史以来建造的最复杂也最可靠的探测器是？
   A.海盗号探测器　B.卡西尼号探测器
   C.火星观察者号探测器　D.火星探路者号探测器

6. 在火星上发现水的首个探测器是？
   A.火星观察者号探测器　B.火星探路者号探测器
   C.火星全球勘测者号探测器　D.火星快车号探测器

7. 用于采集从维尔德2号彗星上逃逸出的气体和尘埃样本的探测器是？
   A.维加号探测器　B.乔托号探测器　C.星尘号探测器
   D.罗塞塔号探测器

载人航天

游泳池中的太空

1.约上几个同伴去游泳池中游泳(要注意安全);

2.在水下试着和几个同伴手拉手围成一个圈,并做几个简单的动作,例如翻身、上浮、下沉等等;

3.比较一下,在水下和在地面上,哪个环境下做这些动作难度大一些;

4.把游泳池中想像成太空,水中的浮力感受类似于太空中的失重。

想一想 在太空中宇航员是怎么生活和工作的?

载人航天是指由人类驾驶和乘坐的航天器在太空工作和生活的航天活动。载人航天技术是航天技术的一个重要组成部分。从长远的观点看,人类进入外层空间,向宇宙的深度和广度进军是历史的必然。地球外层空间的高真空、微重力、强辐射等特殊条件,成为人类重要的环境资源。载人航天技术的发展及其实际应用,对国家的政治、军事、经济和科技均有重要的影响。

航天飞机搭载在火箭上升空。

载人航天器

人类遨游太空的载体

载人航天器是适合人生活和工作的航天器,如载人飞船、航天飞机、空间站等。载人航天器有以下几个特点:航天器上有为人所需要的生命保障系统;载人航天器的结构重量较大;座舱密封可靠,环境宜人,再入大气层时的防热措施有效。载人航天器由载人航天系统实施,载人航天系统由载人航天器、运载器、航天器发射场和回收设施、航天测控网等组成,有时还包括其他地面保障系统,如地面模拟设备和宇航员训练设施。

载人飞船

一次性载人航天器

载人飞船是能保障宇航员在外层空间生活和工作以执行航天任务并返回地面的航天器,又称宇宙飞船。它的运行时间有限,是仅能使用一次的返回型载人航天器。载人飞船可以独立进行航天活动,也可作为往返于地面和空间站之间的"渡船",还能与空间站或其他航天器对接后进行联合飞行。载人飞船容积较小,受到所载消耗性物资数量的限制,不具备再补给的能力,而且不能重复利用。

航天飞机发射时的情况

载人飞船的结构

飞船的组成要素

载人飞船一般由乘员返回座舱、轨道舱、服务舱、对接舱和应急救生装置等部分组成，登月飞船还具有登月舱。返回座舱是载人飞船的核心舱段，也是整个飞船的控制中心。返回座舱除要承受起飞、上升和轨道运行阶段的各种应力和环境条件外，还要承受再入大气层和返回地面阶段的急剧减速和气动加热。轨道舱里面装有各种实验仪器和设备。服务舱对飞船起服务保障作用。对接舱是用来与空间站或其他航天器对接的舱段。

座舱

载人飞船的核心

宇宙飞船在返回地面时，一般真正返回的只有座舱，这也是为了减速、防热及结构上的需要，所以，返回质量越小越好。座舱通常采用无翼的大钝头旋转体，有的是球形，有的是钟形，这样，当飞船再入大气层时，座舱从距地面40千米左右的高空就能急剧减速。座舱的结构设计中，最好设有逃逸口。它一般都有视野开阔的舷窗，以便宇航员观察情况。座舱还有特殊的照明系统以适应在太空中飞行。座舱内的关键按钮开关须用罩子盖起来，以防动作失误造成事故。

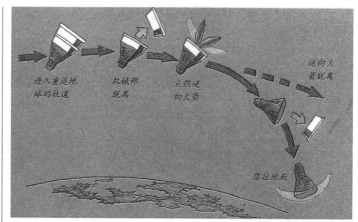

返回地球的双子星座号

飞船返回

载人航天飞行的最后阶段

飞船返回是载人航天飞行的最后阶段，也是决定航天成败的关键。飞船的返回是飞船脱离原来的飞行轨道，沿一条下降的轨道进入地球大气层，通过与空气摩擦减速，安全降落到地面上的过程。宇航员成功顺利返回地面，才标志着载人航天活动的圆满结束。神舟5号飞船的返回可分为：制动减速阶段、自由滑行阶段、再入大气层阶段和回收着陆阶段。整个返回过程都要求有水上测控船或地面测控站的跟踪和支持。

东方号载人飞船

载人航天器的开拓者

东方号是苏联1961年4月到1963年6月发射的载人飞船系列，由此开始了载人航天的时代。其中东方1号飞船由密封座舱和工作舱组成，总长7.35米，重4725千克，返回舱自由空间1.6立方米，可搭载1名宇航员，在轨时间最长为5天。座舱里有可供飞行10天的生保系统以及各种仪器设备和弹射座椅。返回前，抛掉末级火箭和工作舱，座舱单独再入大气层。待座舱下降到距地面约7千米时，宇航员弹出座舱，然后用降落伞着陆。

东方号载人飞船

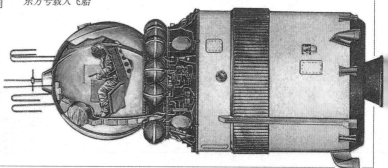

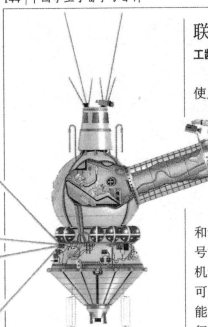

上升 2 号飞船

上升号载人飞船

第一次实现出舱的载人飞船

苏联的上升号载人飞船是实现世界上宇航员第一次出舱活动的载人飞船，也是第一个可以乘坐 3 人的航天器。它长约 5 米，直径 2.4 米，重约 5 300 千克，舱内自由空间 1.6 立方米。它是以东方号飞船为基础改造而成的，其形状和尺寸大体上与东方号相似，改进之处是提高了舱体的密封性和可靠性。因而，宇航员在座舱内可以不穿宇航服，返回时不再采用弹射方式，而是随返回座舱一起软着陆。

航天飞机

联盟号载人飞船

工龄最长的飞船

联盟号是苏联／俄罗斯使用时间最长的载人飞船系列。它分为联盟号、联盟 T、联盟 TM 三个发展阶段。联盟号全长约 7 米，总重约 6 500 千克，由轨道舱、指令舱和设备舱三部分组成。联盟号能载 3 名宇航员，具有轨道机动飞行、交会和对接能力，可为空间站接送宇航员，又能在对接后与空间站一起飞行，是苏联／俄罗斯载人航天计划中重要的天地往返运输系统。由此航天活动进入了更高的阶段。

水星号载人飞船

美国载人航天历程开始的标志

水星号是美国第一个载人飞船系列，主要目的是试验飞船各系统的作用及失重对人体的影响。从 1961 年到 1963 年共发射了 6 艘。水星飞船总长约 2.9 米，底部最大直径 1.86 米，重约 1 900 千克，由圆台形座舱和圆柱形伞舱组成。1961 年 5 月第一艘水星号飞船进行了载人亚轨道飞行，开始了美国的载人航天历程。1962 年 2 月，第三艘水星号进行了首次载人轨道飞行，美宇航员约翰·格伦成为历史上第二个进入太空的人。

*双子星座号
载人飞船*

双子星座号载人飞船

阿波罗登月计划的铺路石

双子星座号是美国第二个载人飞船系列，是两人乘坐的飞船，它的主要任务是在轨道上进行机动飞行、交会、对接以及实现宇航员舱外活动，为阿波罗飞船登月做技术准备。美国从 1964 年到 1966 年共发射了 12 艘双子星座载人飞船。双子星座号飞船形状与水星号飞船相似，基本呈圆锥－钟形，全长 5.7 米，底部最大直径 3 米，重约 3 200～3 800 千克。飞船设计以手控操纵为主，是美国载人空间飞行器中受控程度比较高的飞船。

水星号载人飞船

神舟 5 号载人飞船

中国载人飞船中的"先行军"

　　神舟 5 号是中国神舟号飞船系列之一，为中国首次发射的真正意义上的载人航天飞行器。神舟 5 号于北京时间 2003 年 10 月 15 日 9 时在中国甘肃的酒泉航天发射中心用长征二号 F 型运载火箭发射，9 时 10 分进入离地面 343 千米的预定轨道。神舟 5 号在完成了 14 圈绕地球的飞行后，返回座舱于 2003 年 10 月 16 日 6 时 23 分在内蒙古四子王旗主着陆场成功着陆，离预定着陆地点仅差 4.8 千米。轨道舱将继续绕地球运行半年左右。

航天飞机

可以重复使用的载人航天器

　　航天飞机是可以重复使用的、往返于地球表面和近地轨道之间运送人员和货物的飞行器。它在轨道上运行时，可在机载有效载荷和乘员的配合下完成多种任务。由于它的轨道器在轨道上运行，因而可以执行普通航天器的任务，如对天地进行观测等。同时，由于轨道器上设有密封座舱和生命保障设备，因而又具有载人航天器的功能。航天飞机为人类自由进出太空提供了很好的工具，是航天史上的一个重要里程碑。

可以多次使用的航天飞机

轨道飞行器

航天飞机进入轨道的部分

　　轨道飞行器是航天飞机进入轨道的部分，简称轨道器。每架轨道飞行器可重复使用 100 次，它是美国航天飞机最具代表性的部分，拥有一般航天器所具有的各种分系统，可以完成多种功能，包括人造卫星、货运飞船、载人飞船甚至小型空间站的许多功能。它还具备一般航天器所没有的功能，如向近地轨道施放卫星，向高轨道发射卫星，从轨道上捕捉、维修和回收卫星等。

外贮箱

航天飞机的最大部件

　　外贮箱是航天飞机最大的部件，也是唯一不可回收的部件。它由两个贮箱组成，上端的贮箱内部装有液氧，下端的贮箱装有液氢。中间由一个连接舱连接，所用材料为铝合金，其外表面敷有泡沫和软木隔热层。虽然看上去液氢贮箱的体积比液氧的大很多，但是因为液氧比液氢重 16 倍，所以以装满推进剂后，液氢的重量只是液氧的六分之一。在与轨道器连接时，液氧和液氢各通过一根管子从贮箱底端流入轨道器。

航天飞机在太空中遨游

固体火箭助推器
航天飞机飞行的推动器

固体助推器连接在外贮箱的两侧,采用了分段结构,推进剂分别装入四段。最上端整流罩内装有推进剂点火装置、电子设备、应急自毁装置和减速伞。最下端是可调节方向的喷口,偏转角度 6.65°。固体火箭助推器为航天飞机垂直起飞和飞出大气层提供了约 78% 的推力。其燃料先分段浇铸,然后对接装配在一起。在前锥段里装有降落伞系统,用于海上回收。

航天飞机

防热瓦
航天飞机的耐高温外衣

防热瓦是在航天飞机的外表面,贴上的一层耐高温的防热保护材料,它能阻止高温内侵,以保护宇航员的生命安全。根据航天飞机外表各处的不同温度,采用不同规格和耐热力的防热瓦。贴在机头和机翼前缘的防热瓦,可耐 1 360℃ 的高温;贴在机身上的防热瓦,可耐 650℃ 高温;而贴在机身侧面和垂直尾翼上的防热瓦,耐热力更低一些,一般约 400℃ 左右。防热瓦的总数约 20 000 块。

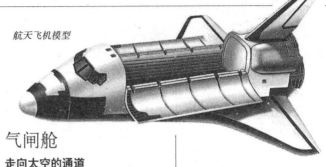

航天飞机模型

气闸舱
走向太空的通道

气闸舱是从座舱通往太空的舱段。一般只有航天飞机和空间站才有气闸舱,除上升 2 号飞船外,载人飞船都没有气闸舱。它有两个闸门,与座舱连接的叫内闸门,另一个是通向太空的外闸门。宇航员出舱前要在座舱内穿好航天服,然后走出并关闭内闸门,把气闸舱内的空气抽入座舱内,当舱内和舱外压力相等时就可打开外闸门进入太空了。宇航员返回时按相反的顺序操作。内外闸门气密性的绝对可靠是气闸舱工作的基本条件。

美国航天飞机
目前唯一的航天飞机

目前,世界上真正投入使用的航天飞机只有美国航天飞机一种。美国航天飞机是世界上第一种往返于地面和宇宙空间的可重复使用的航天运载器。它由轨道飞行器、外贮箱和固体助推器组成。航天飞机全长 51.14 米,高 23.34 米,可载 3～7 人,在轨道上飞行 7～30 天,即可进入低倾角轨道,进行交会、对接、停靠;执行人员和货物运送、空间试验、卫星发射、检修和回收等任务。

美国航天飞机

失事的"挑战者"

1986年1月28日挑战者号航天飞机第10次飞行时发生了震惊世界的爆炸事件。当时因固体火箭助推器连接处的"O"形合成橡胶密封圈失去弹性，实际上无法起到密封作用。它在火箭点火后受热而发生了破裂，造成燃料外泄，以致外贮箱破损，引起爆炸，七名航天精英在人们的注视之中踏上了不归之路。1991年4月出厂的奋进号是为代替失事的挑战者号而制造的。

空天飞机

航空航天的完美结合

空天飞机是航空航天飞机的简称，它是第二代航天飞机。空天飞机既能在大气层内做高超音速飞行，又能进入轨道运行。它起飞时不使用火箭助推器。空天飞机的动力装置既不同于飞机发动机，也不同于火箭发动机，而是一种混合的动力装置。它由空气喷气发动机和火箭喷气发动机两大部分组成，空气喷气发动机在前，火箭喷气发动机在后，串联成一体，为空天飞机提供动力。空天飞机可以在一般的大型飞机场上水平起落。目前，各国都在加大对空天飞机的研究力度。

航天飞机正准备发射。

宇航员

载人航天器的驾驶员

宇航员是指驾驶载人航天器、执行飞行任务、在飞行过程中对航天器进行维护保养的人。目前的宇航员可分为三大类：指令长、驾驶员和副驾驶员。驾驶员常常兼任指令长，他们与副驾驶一起负责航天器的操纵和整个飞行计划的执行。此外，还有飞行任务专家，他们是随船工程师，也属职业宇航员。载荷专家是到太空去进行各项专门科学实验和探测的科学家和工程师，他们是非职业宇航员。目前进入太空的人还有记者、教师和航天事业监管人员。

宇航员的训练

宇航员的必经程序

宇航员在正式进入太空之前，一般需接受三年半到四年时间的训练。训练包括三部分：基础理论及体能训练、航天专业技术训练和任务仿真训练。第一部分是航天基础理论知识及体能训练、心理训练，宇航员还要为适应航天环境而进行训练，像超重耐力适应性训练等。第二部分是航天专业技术训练，训练包括掌握航天器的驾驶和熟悉舱内各种装备、仪器的操作及飞行程序训练。第三部分是任务仿真训练。

宇航员通过失重飞机进行训练。

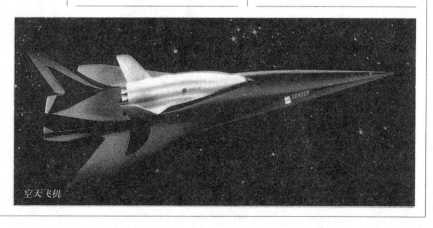

空天飞机

尤里·加加林
第一位太空人

尤里·加加林（1934～1968），苏联宇航员，到太空旅行的第一人。1961年4月12日，东方1号飞船载着他围绕地球完成了一次完整的轨道飞行。在这次长达108分钟的旅行中，他飞越了40 000千米，但这是他进入太空的唯一一次旅行。这次航天飞行使他立即驰名全球，他荣膺列宁勋章并被授予"苏联英雄"和"苏联宇航员"称号。不幸的是他1968年为另一次飞行做训练时坠机而亡。

尤里·加加林

瓦连金娜·捷列什科娃
世界上第一位女宇航员

瓦连金娜·捷列什科娃是世界上第一位女太空人。1963年6月16日至19日，她驾驶东方6号飞船在太空遨游70小时50分钟。迄今为

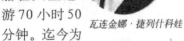
瓦连金娜·捷列什科娃

止，她仍是世界上唯一一位在太空单独飞行3天的女性。东方6号进入轨道后，与6月14日发射的飞船东方5号进行联合飞行。飞船每86分钟就绕地球一圈。捷列什科娃在飞行了70小时50分钟，航行约200万千米后，与东方5号同一天返回地球。

阿列克谢·列昂诺夫
第一位太空漫步者

1965年3月18日，苏联宇航员阿列克谢·列昂诺夫乘坐上升2号飞船遨游太空时，拴着安全带飞离飞船5米，在空间飘浮12分钟，首创太空漫步奇迹。1975年7月15日～21日，列昂诺夫驾驶联盟19号飞船同美国阿波罗号飞船进行了首次不同国家载人航天器的对接，并实现了两国宇航员在太空的换乘和互访。国际航空联合会授予他"宇宙"奖章，月球背面一座环形山以他的名字命名。

阿列克谢·列昂诺夫

杨利伟
中国进入太空第一人

杨利伟，1965年出生，辽宁省绥中人，1987年毕业于中国人民解放军空军第八飞行学院，1998年成为中国首批宇航员之一。在神舟5号载人飞船发射准备阶段，被确定为首席人选。2003年10月16日，中国首次载人航天飞行取得圆满成功。杨利伟乘坐中国人自己研制的飞船在太空中绕地球飞行14圈后，安全着陆于内蒙古草原。这是中国人迈向宇宙的历史性一步，这是中国航天事业划时代的伟大成就。

杨利伟升空前向欢送的人们挥手示意。

微重力环境

太空环境

  微重力环境是天体的引力被与其方向相反的惯性力大部分抵消后，剩余的微弱重力环境。航天器在绕天体运动中，航天器的离心力抵消了绝大部分重力，加之航天器内有各种各样的效应可引起类似重力的扰动，故而使得航天器内部呈微弱的重力特征，即是微重力环境一例。凡是能够产生自由落体的方法和措施，都可用来进行失重或微重力环境模拟训练。除航天器外主要有探空火箭、实验飞机、落管和落塔等。

火箭升空时能形成微重力环境。

人工重力

类似地球重力的力

  人工重力是使航天器座舱围绕着航天器自身的轴旋转而产生的一种类似于重力的加速度力。微重力环境引起宇航员生理系统失调，而人工重力是一种有效的对抗措施，它能防止人体在微重力条件下产生这种情况。人工重力并不完全等同于自然重力，人工重力是通过旋转产生的，它的大小取决于旋转臂的长度和角速度，因此加大人工力度有两种方法：一种是增加旋转臂的长度，另一种是提高角速度。

失重

物体重量成零的状态

  物体所受的重力被与其方向相反的惯性力所抵消时，物体重量呈现为零的状态叫作失重。航天器在绕天体做圆轨道运动时，在其质心位置上重心和离心力相平衡，对参考系固定在质心上的观察者而言，此时航天器质心呈失重状态。失重对血液、骨骼肌、心血管系统、免疫系统、体液调节系统等产生影响，还会引起航天运动病，主要通过选拔、饮食、训练、睡眠、药物等手段进行防护。

处于失重状态的宇航员

中性浮力水槽

  在地面可以用中性浮力水槽产生漂浮感觉，模拟训练宇航员在失重时进行工作和维修。中性浮力水槽模拟失重的原理是，当人体浸入水中时，通过增减配重和漂浮器使人体的重力和浮力相等，即中性浮力，获得模拟失重的感觉和效应，但它并没有消除重力对于人体及其组织的作用，因此，它不同于真实的失重环境。目前，这种方法主要用于对出舱活动的宇航员进行训练。世界上最大的中性浮力水槽是美国的"中性浮力实验室"。

俄罗斯的失重大水池

超重

物体重量大于实际重量的情况

  宇航员在发射和返回的过程中要遇到的超重作用，使人的体重和体内脏器的重量增加好几倍，超重耐力低的人会因此而出现晕厥或呼吸困难。超重对宇航员的呼吸、视觉、心血管系统、中枢神经系统产生影响，主要通过降低发射段与返回段的过载、避免失控应急过载、耐力训练、宇航员选拔等措施解决。一个人的超重耐力是可以通过训练提高的。

宇航员在太空行走。

太空行走

宇航员的出舱活动

宇航员离开载人航天器，进入太空的出舱活动称为太空行走。太空行走需要进行复杂的准备过程。舱外行走有两种方式，一种用早期研制的"脐带"与乘员舱连接。另一种是靠装在航天服背后的便携式环控与生保装置以及载人机动装置行走，这样宇航员可以到100米外活动。太空行走的目的一般是维修航天器、安装太空大型设备、从航天飞机上发射卫星、进行各种科学研究等。因此，太空行走是宇航员完成任务的基本手段。

阿波罗号与联盟号的空中对接

空间交会与对接

几个航天器的太空"会师"

空间交会对接技术包括两部分相互衔接的空间操作，即空间交会和空间对接。所谓交会是指两个或两个以上的航天器在轨道上按预定位置和时间相会，而对接则为两个航天器相会后在结构上连成一个整体。交会对接的程序分为地面引导、自动引导、接近和停靠、对接合拢四个阶段。两个航天器的轨道交会和对接，动作非常细腻，轴线不准不能对接，动作稍猛，就会碰撞损坏对接器件和航天器。目前世界上已进行了100多次航天器空间交会对接活动。

空间人体实验

以宇航员为对象进行的实验

空间人体实验是指以宇航员为对象的实验。它包括两部分内容，一部分是在宇航员飞行前后，航天医学家们对他们进行医学检查和实验，另一部分是在飞行中以宇航员为被试者进行医学实验。飞行中的人体实验主要有：失重飞行对人体的影响；防护措施的实施与验证；机理研究。在航天中进行人体实验是十分必要的，也是今后航天实验中非常重要的实验项目，它的发展将推动航天事业的发展。

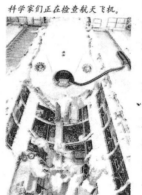

科学家们正在检查航天飞机。

太空睡眠

不需要床的睡眠

在太空睡眠最特殊的是睡觉姿势。失重时，当身体完全放松后，身体会自然形成一种弓状姿势，而且站着躺着睡都一样，所以宇航员可以靠着天花板睡，或者笔直地站着靠墙壁睡。睡袋可以防止宇航员在睡眠中自由飘浮。在失重时如果不用睡袋或不把睡袋固定在舱壁上，人体会像灰尘一样飘来飘去，并不断被撞醒。人睡着了，两臂还会自己摆动，宇航员通常把手用带子缚住或把手放进睡袋里。

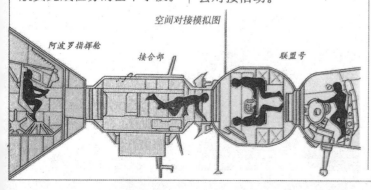

空间对接模拟图

阿波罗指挥舱　　接合部　　　　　　联盟号

太空食品

高度浓缩的食物

太空中所有的物品都失去了重量，变得可以随处飞扬，好像空气一样。所以太空食品大多是高度浓缩的、流质状的。进食方式也与在地球上的不同。吃饭时向食品盒注入一定的水，进行加热，然后就可以像挤牙膏似的把食物挤进嘴里美餐一顿。太空食品具有进食量少、热量高、营养极其丰富的特点。太空食品通常制成一口大小的长方形、球形及方形等，食品表面涂有一层可食的保护膜，进食时一口一块，可以避免食物碎屑撒落在舱内漂浮。

美国的太空食品

太空马桶

特殊的抽气马桶

太空中要使用抽气马桶，这是因为太空是微重力环境，水不会往下流。这种抽气马桶是靠气流把大小便带走，所以使用这种马桶时，臀部一定要紧贴着马桶的边缘，使马桶内完全密封，否则里面的气流就不能将排泄物带走。而且抽气马桶内大小便是分开收集的，马桶会自动把大小便分别吸入不同容器中进行处理。

整装待发的航天飞机

·DIY 实验室·

实验：自制航天飞机

准备材料：1个纸杯、1片泡腾片、纸、剪刀、带盖的胶卷盒

实验步骤：把纸剪成一个圆锥粘在杯子底部；再用纸剪成一个飞机形状粘在杯子外壁上；在胶卷盒里加入四分之一的水；然后把泡腾片放入盒中并迅速盖上盖子；把胶卷盒放在地上，盖子朝下；把纸杯盖在胶卷盒上。（以上步骤请在室外完成）

原理说明：泡腾片因为具有解酸性会不断冒出气泡，而胶卷盒是密封的，气体膨胀产生推力，推动纸杯往上飞。航天飞机正是利用运载火箭上的固体或液体推进剂产生推力将其送出大气层。

·智慧方舟·

填空：

1. 美国航天飞机由_____、_____、_____组成。

2. 宇航员可分为三类：_____、_____、_____。

3. 太空食品具有_____、_____、_____的特点。

4. 发射窗口是指运载火箭发射比较合适的一个_____。

选择：

1. 载人飞船的核心舱段是？

   A.服务舱　B.对接舱　C.轨道舱　D.返回座舱

2. 最早的载人航天器是？

   A.东方号　B.上升号　C.联盟号　D.水星号

3. 第一次实现宇航员出舱活动的载人飞船是？

   A.东方号　B.上升号　C.联盟号　D.水星号

4. 美国第一个载人飞船系列是？

   A.东方号　B.上升号　C.水星号　D.双子星座号

5. 第一位太空人是？

   A.加加林　B.捷列什科娃　C.列昂诺夫　D.杨利伟

空间站

长期运行在太空中的空间站

礼炮1号空间站

第一座空间站

礼炮1号空间站是苏联1971年4月19日发射的第一座空间站，标志着载人太空飞行进入一个新的阶段。礼炮1号由轨道舱、服务舱和对接舱组成，呈不规则的圆柱形，总长约12.5米，最大直径4米，总重约18.5吨。站上装有各种设备，包括照相摄影设备和科学实验设备等。与联盟号载人飞船对接组成居住舱，容积达100立方米，可住6名宇航员。礼炮1号完成使命后于同年10月11日在太平洋上空坠毁。

空间站又称为"太空站"、"轨道站"或"航天站"，是可供多名宇航员巡航、长期工作和居住的载人航天器。在空间站运行期间，宇航员的替换和物资设备的补充可以由载人飞船或航天飞机运送，物资设备也可由无人航天器运送。空间站的用途包括天文观测、地球资源勘测、医学和生物学研究、大地测量、军事侦察和技术试验等。空间站还可以作为人类造访火星等其他行星的跳板，并试验载人行星际探索技术。

空间站

空间站配置

空间站的组成元件

空间站通常由对接舱、气闸舱、轨道舱、生活舱、服务舱、专用设备舱和太阳电池翼等部分组成。对接舱一般有数个对接口，可同时停靠多艘载人飞船或其他飞行器。气闸舱是宇航员在轨道上出入空间站的通道。轨道舱是宇航员在轨道上的主要工作场所。生活舱是供宇航员进餐、睡眠和休息的地方。服务舱是为整个空间站服务的舱段。专用设备舱是根据飞行任务而设置的安装专用仪器的舱段。太阳电池翼通常装在站体外侧，为站上各仪器设备提供电源。

未来的空间站

天空实验室

第一位太空正式"员工"

　　天空实验室是美国在1973年5月14日发射成功的一座空间站，是第一个实际投入长期使用的空间站。它全长36米，最大直径6.7米，总重77 500千克，由轨道舱、气闸舱和对接舱组成，可提供360立方米的工作场所。在飞行期间，宇航员用58种科学仪器进行了270多项生物医学、空间物理、天文观测、资源勘探和工艺技术等试验，拍摄了大量的太阳活动照片和地球表面照片，研究了人在空间活动的各种现象。

"天空实验室"是美国的第一个空间站。在20世纪70年代的5年中，它是美国宇航员的空间"活动中心"。

和平号空间站

人造天宫

　　和平号空间站是苏联第三代空间站，也是人类历史上的第九座空间站，被誉为"人造天宫"。和平号空间站的整体形状如一束绽开的花朵。它采用积木式构造，由多舱段空间交会对接后组成，总长32.9米，体积约400立方米，最大直径4.2米，总重123 000千克，由四个基本部分组成：球形增压转移舱、增压工作舱、不增压服务动力舱、增压转移对接器。2002年3月和平号空间站结束15年历程，重返地球。

国际空间站

空中国际大联合

　　"国际空间站"计划是1984年由美国总统里根提出的，现有16个国家参与建造，空间站的组成部分也陆续发射成功。国际空间站由重新设计的自由号和俄罗斯原准备建造的和平2号两部分组成，两部分的交接处就是已率先发射的曙光号舱。全站重426 000千克，跨度为108.5米，运行在高约400千米、与地球赤道呈51.6°夹角的一条轨道上。该站初期可乘3人，后期将增至6人。它的规模大大超过了和平号。

工作中的空间站

国际空间站的组成

　　国际空间站总体设计采用桁架挂舱式结构，包括了功能货舱、团结号连接舱、俄制服务舱、哥伦布轨道设备舱、机器臂、实验舱、小型硬件设备和微型压缩后勤供应舱。功能货舱包括推进、指挥以及控制系统。团结号连接舱负责连接6个舱体。俄制服务舱包括居住舱、电力控制和维生系统设备舱。哥伦布轨道设备舱、实验舱和微型压缩后勤供应舱用于实验研究。哥伦布轨道设备舱还为宇航员提供往返工具。机器臂担负组装及维护职责。小型硬件设备主要是为国际空间站运输物资。国际空间站的各种部件都是由合作各国分别研制的。

国际空间站

太空救生船
太空中的"生命之舟"

太空救生船是为宇航员在空间站出现事故时逃生准备的太空船。目前的研究成果有X-38，一艘即将作为国际空间站逃生舱的全新太空救生船。作为宇航员的返程工具，它可以向7名宇航员提供食宿。X-38是全自动的，宇航员可以根本不用知道如何开动它，就可以把自己送回地面。X-38一旦完全开始工作，它会利用全球卫星定位系统计算出自己所处的位置，分析到达的目的地，所要走的路线，着陆范围通常可以精确到100米。

人造太空球
太空移民的第二故乡

人造太空球是美国科学家基于空间站提出的一个设想。早期设想是建造一个直径为500米左右的空心球，球内有住宅区、街道、河流、森林等。用运载工具将其送入太空，使它每分钟自转一周，在"赤道"处产生的引力应与地球相同，人们生活其中，和生活在地球上一样。

科学家们勾画出了未来火星城的轮廓，希望能在不久的将来实现人类建立火星城的梦想。

太空宾馆
旅游太空的下塌处

日本清水公司与美国贝尔和特罗蒂公司的专家设计了一种太空宾馆，形状犹如直径140米的大型游艺场，房间可供大约100名旅游者住宿。为避免太空旅游者因失重而产生不舒服的感觉，太空宾馆将每分钟自转三圈，从而产生类似地球的引力。美国航天专家认为，由于宇宙航行非常安全，参加旅游的人只要经过一般的体格检查，体能达到一定状况就可以了。人们就可穿上宇宙服到太空遨游，入住太空宾馆。

太空港
太空客运的转运站

太空港是一种设想，它建在近地轨道、围绕月球和火星轨道以及在地-月系统中的自由点上，作为空间客运的转运站。其间将有巡天飞船常年巡回飞行，又有转运飞船在太空港与巡天飞船之间接送货物和人员。当近地太空港和火星太空港建成后，便形成一个完整的航天运输网络。人类如要长期地在月球、火星和太空港上工作、生活，就必须开发出完全能自给自足的生物圈，并建立初期前沿哨站和基地，形成开发太阳系的完整系统。

月球基地计划构想图

太空桥
通往太空的天梯

太空桥是人类将进一步发展空间技术、开辟通天路、架设星际桥、实现开拓天疆的一个伟大理想。通过降低将有效载荷运输到轨道上的费用，把载人和载货的任务分开，运货仍采用大型运载火箭；载人则采用有翼天地往返运输系统，使其全部能重复使用。人们将要制造出具有多种优良性能的航天飞机。

从月球基地上可以看到美丽的地球。

太空工厂

高度真空的生产间

太空工厂是人类在太空可能建造永久性建筑的第一批太空建筑。由于脱离了重力约束，在高度真空的特殊条件下，太空工厂将成为制造某些地球上不能制造的稀有产品的理想场所。由航天飞机把原料送往太空工厂，或者利用太阳系各行星中的资源，制造加工成所需的产品后再运回地球。因为太空不存在冷热对流、浓淡、沉淀等现象，所以太空工厂制造的药品比在地面上制造的纯度至少高5倍，制药的速度快400倍。

太空农场

绿色食物生产地

科学家认为，太空农场可能建成球冠状，利用其外面可以转动的反射镜调节室内温度，从而使植物处于像地球上的生长环境一样。太空农场种植庄稼，无需除草和喷洒农药。另外，太空农场全部是自动化作业，只需在"控制室"操纵按钮，即可对作物进行全面管理。目前美、日、欧已经开始设计太空农场。

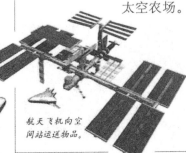

航天飞机向空间站运送物品。

开发月球

· DIY 实验室 ·

实验：感受太空

准备材料：1个冰淇淋纸盒或铁罐、1根橡皮筋、2个金属螺母（直径10~12毫米）、胶布

实验步骤：把金属螺母拴在橡皮筋的两端；再把橡皮筋的中点用胶布固定在冰淇淋纸盒（或铁罐）底部正中；让螺母挂在空盒的口边上；让空盒从约2米的高处自由下落。

原理说明：你会发现螺母被橡皮筋拉回盒中，并发生"咔哒"的撞击声。这是因为螺母在下降过程中，重力与橡皮筋对螺母的拉力相互抵消，螺母出现失重，才又拉回盒中的。在太空中无重力，宇航员们的身体也是处于一种失重状态，他们可以随意飘浮。

· 智慧方舟 ·

填空：

1.空间站通常由_____、_____、_____、_____、_____和_____等部分组成。

2.国际空间站的_____将担负组装及维护职责。

选择：

1.航天员在轨道上出入空间站的通道是？

　A.轨道舱　B.气闸舱　C.服务舱　D.生活舱

2.历史上第一座空间站是？

　A.和平号空间站　B.天空实验室　C.礼炮1号空间站　D.国际空间站

3.迄今为止体积最大、应用技术最先进、设施最完善、太空飞行时间最长的空间站是？

　A.和平号空间站　B.天空实验室　C.礼炮1号空间站　D.国际空间站

4.国际空间站里为宇航员提供往返工具的是？

　A.俄制服务舱　B.功能货舱　C.哥伦布轨道设备舱

　D.微型压缩后勤供应舱

宇宙生命

探索与思考

恶劣环境下的生物

1 准备4盆草、炭块、1个玻璃罐、胶带；

2 将第1盆草放入冰箱，温度设为 $-20℃$；将炭块点燃，装在碟中放入玻璃罐，把第2盆草也放入玻璃罐，并用胶带把玻璃罐密封；将第3盆草放在电风扇前吹；将第4盆草放在一间干燥的房内，不给它浇水；

3 注意观察，4盆草都有什么变化，并做下记录。

想一想 地球以外的星球都是什么样的气候，是否会有生命存在呢？

人类想像中的外星人基地

天文学家们一直以来都在致力于发现外星微生物存在的证据，在火星上、在木卫二上……太阳系内一切有条件的地方都是他们寻找的对象。虽然我们对外星文明不抱奢望，但简单的外星微生物却可能是有迹可寻的，因为处于生命初级阶段的微生物对环境的要求远没有高级智慧生命那样苛刻，这一点我们从地球微生物的考察中就能得出结论。虽然人类对外星生命的探索尚无新发现，但探索的过程却大大拓展了我们对宇宙生物原理的认识。

人类想像中的外星智慧生物

沙漠壁画

记录可能是外星人图像的壁画

1850年一位探险家在撒哈拉沙漠的一片岩壁上发现了一大片形态各异的壁画。这些壁画分为三个阶段。早期壁画写实性较强，人和动物的轮廓都勾画准确、栩栩如生，提供了撒哈拉沙漠曾是一个大型人类聚居地的证据。但后期的壁画中有一些轮廓具有硕大的圆形脑袋，有些头上还有细角，五官模糊或根本完全省略，其装扮与现代宇航员有几分相似。

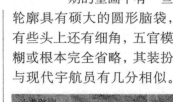

麦田圈

"外星人的杰作"

麦田圈现象是迄今科学界尚没有答案的一种神秘现象。它是指由于不明原因在未收割的庄稼田中甚至在雪地里忽然出现的各种有规律的巨形图案。英国人在1983年起发现麦田圈，在麦田圈的麦田周围没有任何足迹，圈内麦秆因弯曲而倒下，并未折断。麦田圈内的辐射量较大。根据麦田圈的形状发展历史，由小型进展为大型；由简单线条进展为复杂曲线图案，包括几何图形、动物形貌、电脑图画、文字等等。有人猜测：这一切是外星生物造成的。

现在麦田圈的形状越来越复杂。

科幻画·外星人的碟形飞船

6 种生命形态
其他生物存在的生命形态

生化学家阿西莫夫提出了 6 种生命形态：1.以氟化硅酮为介质的氟化硅酮生物；2.以硫为介质的氟化硫生物；3.以水为介质的核酸／蛋白质生物；4.以氨为介质的核酸／蛋白质生物；5.以甲烷为介质的类脂化合物生物；6.以氢为介质的类脂化合物生物。其中第 3 项便是我们所熟悉的生命。至于第 1、2 项，是可能存在高温星球上的生命形式，地球上就曾出现过生活在硫矿里的、厌氧的古细菌；而第 4～6 项，则可能是存在于寒冷星球上。

生命的可能性
生命存在的另一种形式

许多种类的细菌无需空气，它们或是通过分解（而不是氧化）有机食物，或是从硫酸盐或硝酸盐等氧化合物中获得氧；有的细菌通过转换铁化合物和硫来维持生命的延续，生存下来；有的细菌在沸水中滋生；有的细菌则在 0℃以下的盐水中生存；有的细菌在不可思议的高压下存活。它们生命的潜能与地球上其他生命的潜能几乎或者完全不同。正是这一不同，向我们暗示着生命的另一种可能，或许是生命存在于宇宙间其他星球上的另一种可能。

不明飞行物
外星人的宇宙飞船

不明飞行物是指未经查明来历的空中飞行物，国际上通称 UFO，俗称飞碟。据目击者报告，其外形多呈圆盘状（碟状）、球状和雪茄状，在空中高速或缓慢移动。20 世纪以前较完整的目击报告就有 300 件以上。科学家们对 UFO 现象曾做出种种解释：所谓的不明飞行物可能是某种自然现象；或是对已知现象或物体的误认；或可能纯属心理现象；当然也不排除是地外高度文明的生物的可能性。

阿雷西波讯息
来自太空的神秘信息

阿雷西波讯息是指在波多黎各的阿雷西波射电望远镜所收到的一些无线电信号。科学家表示：这些神秘信号可能是外星文明试图与人类进行"首度接触"所用的方式。这座望远镜已三度收到这些源自双鱼座与白羊座之间太空的神秘信号。研究人员指出，这些信号不像任何已知的天文现象，似乎也不是自然界干扰或噪音造成的结果，可能是外星生物刻意传递来的。但也有科学家认为这并不可信。

地球生命的极限
严酷条件下生存的生物

最近几年外星生命探索的进展都是在地球上完成的。外星生物学家在南极的古老冻岩中，石头表面下多孔的空间里有一种细菌，生命力极为旺盛。法国科学家曾在太平洋底3 000米处，水温高达250℃的热泉口，发现多种细菌。1969年降落月球的阿波罗12号太空船，在收回两年半前无人探测船观察家3号留在月球上的照相机时，发现其底部有地球上的微生物"缓症链球菌"，这种来自地球的微生物，在几近真空、充满宇宙射线的月球表面生存了两年半。

寻找火星上的生命
火星上存在生命的可能性

火星上狭谷、河床、极冠以及火山等种种迹象都向人类表明，火星上可能存在过生命。但人类现在还不具备登陆火星的条件，探测器代替人类先行登上了火星。探测显示，火星上的气候环境十分恶劣，不适合我们目前所知的任何生物生存。因为绝大部分时间火星上的温度比地球两极冬天的温度还要低，而且火星上的大气极其稀薄，更缺少生物呼吸所需的氧，所以到目前为止，还未在火星上发现有生命存在，但并不排除以后发现生命存在的可能性。

沙漠中顽强生存的植物

宇宙绿岸公式
可能存在生命的星球数量的计算公式

1961年，美国天体物理学家德雷克提出了一个方程，称之为"绿岸公式"，这是对探索地外智能生命做定量分析的第一次尝试。"绿岸公式"是这样的：$N = R \times Ne \times f_p \times f_l \times f_i \times f_e \times L$。公式中，N代表银河系中可检测到的技术文明星球数，它取决于等式右边7个数的乘积。经过分析，在银河系中的高级技术文明星球的数目至少有40个，最多可达5 000万个。

外太空中的智慧生命也在寻找人类吗？

先驱者计划
人类的第一个外太空探索计划

先驱者计划是人类的第一个外太空探索计划，主要由先驱者10号和11号宇宙飞船完成。宇宙飞船由美国宇航局设计制造，长2.9米，重270千克，携带有十几件科学探测仪器。先驱者10号于1972年3月发射升空，在飞过木星后，开始了对太阳系外层空间的探索。1997年3月它的外层空间探测任务正式结束。1973年4月发射的先驱者11号在结束了对土星的探测后，也开始对太阳系外层进行探索，但1995年9月，我们和先驱者11号失去了联系。

地球的名片
带着给外星人的"礼物"

先驱者10、11号是人类派往外行星访问的第一批使者。作为首批飞出太阳系的人类飞船，先驱者10、11号都携带了一块特殊的金属板。这块金属板被称为"地球名片"。金属板上刻有人类男女的形象、飞船的出发地、一些二进制编码和太阳系向对于14颗脉冲星的位置，希望它能够向外星文明传去关于我们地球人类的信息。在1977年发射的旅行者号探测器中也携带着一套"地球之声"唱片，把人类的信息带出太阳系。

旅行者号探测器上携带的"地球之声"

茫茫宇宙中，哪些星球上存在智慧生物，这是一个需要继续探测的问题。

凤凰计划

接收外太空的信息的计划

美国"寻找外星智慧研究所"于1995年开始"凤凰计划"，通过大型电子天文望远镜，探测接收外太空的"声音"，包括背景辐射、星体发出的电波以及其他杂音。科学家再将这些信号通过电脑分析，希望从中可以发现外星传来的信息。天文学家选择了临近地球的1 000个如太阳系般的星体，进行信号收集工作。到1999年中期，凤凰计划已观测了它名单上一半的星体，未有任何地外文明信息被检测到，但该计划仍然在持续进行。

先驱者号上携带的"地球的名片"

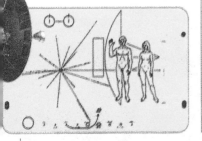

· DIY 实验室 ·

实验：酵母是否有生命？

准备材料：1袋酵母、1只碗、1根玻璃棒、半碗约为20℃的温水、蔗糖

实验步骤：打开袋子，将酵母倒入碗中；仔细观察酵母，把观测结果记录下来；把温水加入放有酵母的碗中，加入一匙糖，用玻璃棒搅拌；5分钟后，再观察一下酵母，并把观测结果也记录下来。

原理说明：我们会发现在加糖的情况下酵母产生大量的二氧化碳气体，促进面团体积的膨胀。这是因为酵母在适宜的温度、水分、pH值以及必要的矿物元素环境下，直接利用单糖进行新陈代谢，产生二氧化碳，并进行繁殖，使酵母数量愈来愈多，产生大量的气体，最终使面团膨胀成类似海绵的组织结构。这个观察结果表明了酵母是有生命的，而现在科学家们也正在通过研究种种迹象来证明宇宙中存在生命。

· 智慧方舟 ·

填空：

1. 不明飞行物国际上通称为_____。
2. 阿雷西波讯息源自于_____和_____之间的太空。
3. 阿西莫夫提出的6种生命形态中可能存在高温星球上的是_____、_____。
4. 美国天体物理学家德雷克提出的方程称为_____。
5. 先驱者号探测器上携带了一块特殊的金属板，称为_____。
6. 旅行者号探测器上携带了_____，把人类信息带出了太阳系。
7. 凤凰计划是由_____开展的。

科幻画：UFO出现在伦敦上空

中国学生学习百科系列

站在世界前沿，与各国青少年同步成长

中国学生宇宙学习百科
层层揭示太阳系、外太阳系
以及整个宇宙的奥秘
160 页　定价：26.00 元

中国学生地球学习百科
全面介绍我们生存的星球
160 页　定价：26.00 元

中国学生生物学习百科
生动解释微生物学、动物学、
植物学、生态学
160 页　定价：26.00 元

中国学生艺术学习百科
系统介绍各大艺术门类特点
160 页　定价：26.00 元

中国学生军事学习百科
系统介绍武器装备、作战方
式等军事知识
160 页　定价：26.00 元

中国学生历史学习百科
生动介绍人类社会发展历程
160 页　定价：26.00 元